DÉSIRÉE SCHELLER

WELPEN ERZIEHEN MIT ERFOLG

Mit Freude von Anfang an alles richtig machen

KOSMOS

INHALT

»Eine gute Beziehung beginnt mit der bewussten Entscheidung, Verantwortung zu übernehmen und einem jungen Hund dabei zu helfen, in unserer Welt anzukommen.«

Liebevoller Start in ein gemeinsames Leben

Zieht ein Welpe ein, beginnt nicht einfach nur eine aufregende Zeit – es beginnt ein ganz neues Kapitel in deinem Leben. Ein Kapitel voller Vertrauen, Nähe, gemeinsamer Erfahrungen und manchmal auch Unsicherheiten.

Auf dieser Reise möchte ich dich begleiten, Schritt für Schritt, liebevoll und in deinem Tempo. Ich möchte dich nicht nur dabei unterstützen, deinen Welpen bedürfnisorientiert, mit Ruhe und Klarheit zu erziehen, sondern ich möchte dich bereits vor dem Einzug an die Hand nehmen: bei der Überlegung, ob ein Welpe auch zu deinem Alltag passt, bei der Auswahl des passenden Hundes und beim Finden einer verantwortungsvollen Zucht oder einer seriösen Vermittlung.

DIE BASIS FÜR EIN ENTSPANNTES LEBEN

Das Wichtigste, was dein Welpe also von Anfang an lernen sollte, ist nicht „Sitz" oder „Platz" – sondern zur Ruhe zu kommen. In einer Zeit voller neuer Reize, Geräusche und Eindrücke ist es deine Aufgabe, ihm einen sicheren Platz zu schaffen, an dem er einfach nur sein darf. Einen Ort, an dem er zur Ruhe kommt, ohne etwas leisten zu müssen. Dieser Ruheort ist die Basis für alles Weitere. Gemeinsam schauen wir nicht nur auf die ersten Schritte im Alltag, sondern auch auf Themen wie das Deckentraining, den Rückruf, die Leinenführigkeit oder den Umgang mit der Pubertät. Ich erkläre dir, wie dein Welpe lernt, sich auf dich zu verlassen, und wie du ihm in kleinen Schritten beibringst, allein zu bleiben. Du erfährst, wie du deinen Hund souverän durch aufregende Situationen führst und wie du ihn liebevoll, aber konsequent begleitest, wenn die Hormone verrückt spielen.

Ich möchte dir Mut machen, und dir das nötige Wissen an die Hand geben. Doch kein Tag muss perfekt laufen, damit du eine gute Bezugsperson für deinen Welpen wirst. Es ist nicht wichtig, dass alles sofort klappt. Wichtig ist nur, dass du für ihn da bist – mit Herz, Geduld und einer klaren Orientierung. Dann wird aus euch beiden ein starkes Team. Und genau dabei möchte ich dich begleiten.

VOR DEM EINZUG DEINES WELPEN

SO SÜSS, ABER AUCH VIEL VERANTWORTUNG

Ein Vizsla-Welpe erobert Herzen im Sturm. Doch vor der Entscheidung steht immer die Frage: Passt er wirklich in dein Leben?

Muss es wirklich ein Welpe sein?

Ich gebe zu, das ist eine etwas ungewöhnliche Frage zu Beginn eines Welpenratgebers. Und doch ist es mir ein echtes Anliegen, dass du sie dir ganz bewusst stellst.

Frage dich ehrlich: Muss es wirklich ein Welpe sein oder könnte ein erwachsener Hund besser zu dir und deinem Leben passen?

Du solltest dir diese Frage nicht nur jetzt stellen, sondern auch am Ende des Buches, wenn ich dir einiges über Welpen und ihre Bedürfnisse erzählt habe. Denn: Das Wohl aller Hunde liegt mir am Herzen. Und aus diesem Grund möchte ich dich ermutigen, auch über andere Wege zum Hundeglück nachzudenken.

DIE REALITÄT HINTER DEM WELPENTRAUM

Die Vorstellung, einen Hund vom ersten Tag an zu begleiten, ihn aufwachsen zu sehen, ist wunderschön – keine Frage. Doch damit einher geht auch eine enorme Verantwortung. Einen Welpen aufzuziehen bedeutet, Fehler zu machen – und das ist vollkommen in Ordnung. Aber es ist wichtig, dass du dir darüber bewusst bist, wer diese Fehler mitträgt: der kleine Hund. Nur wenn du bereit bist, dich voll und ganz darauf einzulassen, wenn du Geduld mitbringst, wenn du auch mal eigene Bedürfnisse zurückstellen kannst und auch bereit bist, dir gegebenenfalls professionelle Unterstützung zu holen, bietest du deinem Welpen einen wirklich guten Start.

ERWACHSENER HUND SUCHT EIN ZUHAUSE

Ein weitverbreiteter Irrglaube ist, dass Hunde aus zweiter Hand immer ein „Paket voller Probleme" mitbringen. Das stimmt so nicht. Natürlich gibt es Hunde mit Herausforderungen, aber die gibt es bei Welpen ebenfalls.

Viele erwachsene Hunde kommen ins Tierheim, weil sich ihre Lebensumstände geändert haben, nicht, weil sie „schwierig" sind.
Das können Allergien in der Familie sein, Trennung oder Scheidung, Todesfälle, Umzüge ins Ausland oder berufliche Veränderungen. Diese Hunde hatten oft einfach nur Pech – und verdienen eine neue Chance. Sie bringen Charakter, Lebenserfahrung und oft sogar Grundgehorsam mit. Manchmal ist ein erwachsener Hund die bessere Wahl – ruhiger, vorhersehbarer und trotzdem genauso liebevoll.

Herz und Verstand – ein gutes Team

Natürlich darf dein Herz mitentscheiden. Aber hör auch auf deinen Verstand. Überlege dir, was wirklich zu dir, deinem Alltag und deinen Möglichkeiten passt. Nur wenn beides zusammenarbeitet – Herz und Kopf –, entsteht ein harmonisches Miteinander, das euch beide langfristig glücklich macht.
Fazit: Beide Wege – Welpe oder erwachsener Hund – haben ihren ganz eigenen Zauber. Entscheidend ist nicht das Alter, sondern wie gut ihr zueinander passt.

WELPE ODER ERWACHSENER HUND – WAS PASST BESSER ZU MIR?

Kriterium	Welpe	Erwachsener Hund
Erziehung	muss alles von Grund auf lernen	hat meist schon Grundregeln verinnerlicht
Zeitaufwand (Anfang)	sehr hoch – Stubenreinheit, Alleinbleiben, Sozialisation	oft deutlich geringer, je nach Vorgeschichte
Persönlichkeit erkennbar?	noch in Entwicklung – Überraschungen möglich	Charakter meist gut einschätzbar
Bindungsaufbau	beginnt bei Null – intensive Sozialisierung möglich	Bindung entsteht oft schnell und tief
Verantwortung & Geduld	sehr hoch – besonders in den ersten Monaten	je nach Hund, oft aber stabiler und planbarer Alltag
Schlaf & Ruhezeiten	braucht viel Schlaf – aber oft unruhiger Rhythmus	meist ausgeglichener und ruhiger
Kosten in der Anfangszeit	höher – Grundausstattung, Impfungen, evtl. Welpenkurse	oft günstiger – v. a. bei Adoption aus dem Tierschutz
Besondere Herausforderungen	Beißhemmung lernen, Pubertät, Testen von Grenzen	mögliche Vorerfahrungen oder Unsicherheiten
Ideal für …	Menschen mit viel Zeit, Geduld und Lernbereitschaft	Menschen, die einen ruhigeren Start wünschen und Erfahrung mitbringen

Welcher Hund passt zu mir und meinem Leben?

Bevor ein Welpe bei dir einzieht, lohnt es sich, einen Schritt zurückzugehen und dich ganz bewusst zu fragen: Welche Hunderasse – oder Mischlingshund – passt wirklich zu mir, meinem Alltag und meinen Lebensumständen?

In unserer schnelllebigen Welt suchen viele Menschen nach dem Besonderen, nach dem, was auffällt, anders ist und im Trend liegt. Leider macht dieser Wunsch auch vor der Hundewelt nicht halt. Immer neue Rassen werden gezüchtet, immer ausgefallenere Farben angestrebt, um dem Zeitgeist zu entsprechen. Doch was nach außen hin „besonders“ wirkt, hat oft eine dunkle Seite: die Gesundheit der Hunde bleibt auf der Strecke.
Ich möchte dich daher mit Nachdruck vor sogenannten Modehunden warnen. Diese Hunde sind oft nur kurzfristig „in“ – werden jedoch in großem Stil gezüchtet, weil die Nachfrage hoch ist. Auch die beliebte Fellfarbe „Blue Merle“ mag auf den ersten Blick edel wirken. Doch Hunde mit dieser Farbgebung sind leider besonders anfällig für gesundheitliche Probleme, die nicht nur ihnen das Leben schwer machen, sondern auch ihre Menschen langfristig belasten, emotional wie finanziell.

Welcher Hund wirklich zu dir passt, zählt mehr als die Optik.

1

2

1. Niedlich, aber oft krank: Manche Rassen leiden ihr Leben lang unter den Folgen gezielter Überzüchtung.

2. Was süß aussieht, kann schmerzhaft sein: Qualzucht nimmt Tierleid nur für bestimmte Merkmale in Kauf.

KEINE UNTERSTÜTZUNG VON QUALZUCHTEN

Ein besonders trauriges Beispiel: die Französische Bulldogge. Diese Rasse gehört mittlerweile offiziell zu den Qualzuchten. Viele dieser kurznasigen Hunde wie auch Englische Bulldogge, Mops oder Boxer leiden unter ständigen Atemproblemen und weiteren gesundheitlichen Einschränkungen. Bei allen diesen sogenannten „Plattnasen" solltest du besonders aufmerksam sein – und im besten Fall ganz bewusst Abstand nehmen.

WAS SIND QUALZUCHTEN?

Der Begriff Qualzucht bezeichnet die absichtliche Zucht auf bestimmte äußerliche Merkmale – trotz bekannter gesundheitlicher Schäden für das Tier.

TYPISCHE MERKMALE VON QUALZUCHTEN

zu kurze Schnauzen (→ Atemprobleme)
übermäßige Faltenbildung (→ Hautentzündungen)
zu kleine Köpfe (→ neurologische Probleme)
extreme Körperformen (→ Bewegungsstörungen)

BEKANNTE QUALZUCHT-RASSEN

Französische Bulldogge
Mops
Englische Bulldogge
Teils auch: Chihuahua, Shar Pei, Cavalier King Charles Spaniel

Einige dieser Rassen können kaum ohne Hilfe atmen, gebären oder sich normal fortbewegen. In manchen Ländern gelten bestimmte Zuchten bereits als tierschutzwidrig.

Als verantwortungsvolle Hundemenschen dürfen wir nicht zulassen, dass Tiere wegen eines bestimmten Aussehens ihr Leben lang leiden müssen.
Entscheide dich bewusst gegen Mode und für das Wohlergehen deines Hundes. Gesunde Atmung, Beweglichkeit und Schmerzfreiheit sollten immer Vorrang haben – vor Aussehen oder Trends.

UNTERSCHIEDLICHE ZUCHTZIELE

Interessierst du dich für eine bestimmte Hunderasse, gibt es noch einen wichtigen Punkt zu beachten: Viele Rassen gibt es in zwei verschiedenen Linien, der sogenannten **Showlinie** und der **Arbeitslinie**. Während Hunde aus der Showlinie eher auf ein bestimmtes Aussehen hin gezüchtet werden, liegt bei der Arbeitslinie der Fokus auf Leistungsfähigkeit: für Jagd, Hundesport oder den beruflichen Einsatz. Diese Hunde sind oft deutlich aktiver, temperamentvoller und benötigen ein hohes Maß an Auslastung. Sprich unbedingt mit den Züchtern oder Vorbesitzern offen darüber, aus welcher Linie dein zukünftiger Welpe stammt. So stellst du sicher, dass du einem Hund ein Zuhause gibst, das wirklich zu ihm passt.

Nicht jeder Golden Retriever ist gleich: Arbeitslinie oder Showlinie – Temperament und Bedürfnisse unterscheiden sich stark.

MISCHLINGSHUNDE

Eine gute Wahl kann auch ein Mischlingshund sein. Diese Hunde überraschen mit einzigartigen Persönlichkeiten und einer Extraportion Charme. Wenn möglich, solltest du dich aber darüber informieren, welche Rassen mitgemischt haben und was dich möglicherweise erwartet. Es macht einen großen Unterschied, ob die Vorfahren Herdenschutzhunde, Hütehunde oder Jagdhunde waren. Vielleicht ist dein Welpe auch eine Mischung aus alledem. Darauf solltest du vorbereitet sein! Es ist nicht egal, ob ein Labrador Retriever (Jagdhund) oder ein Kangal (Herdenschutzhund) in deinem Welpen steckt, am Verhalten wirst du das irgendwann bemerken. Hier sollten auch Tierschutzorganisationen ehrlich informieren.
Was die Gesundheit betrifft, werden Mischlinge oft als gesünder beschrieben. Aber auch das hängt selbstverständlich von den Vorfahren sowie Aufwuchs-/Lebensbedingungen ab.

Überraschungspaket mit Charakter: Mischlinge bringen Vielfalt mit – in Aussehen, Wesen und Bedürfnissen.

1

2

LISTENHUNDE

In Deutschland gibt es je nach Bundesland unterschiedliche Regelungen für sogenannte Listenhunde, also Hunderassen, die als besonders gefährlich eingestuft wurden. Hier geht es leider nicht um das Verhalten des individuellen Tieres, sondern allein um die Rassezugehörigkeit.
Einige Rassen dürfen in bestimmten Bundesländern gar nicht gehalten oder eingeführt werden. Wer dagegen verstößt, riskiert hohe Geldstrafen – und im schlimmsten Fall die Beschlagnahmung des Hundes. Bitte informiere dich vor dem Kauf genau, ob die Rasse deines Wunschwelpen betroffen ist – z. B. über offizielle Seiten der Landesbehörden.

DIE RICHTIGE WAHL IST WICHTIG

Nicht jeder Hund passt zu jedem Menschen und das ist völlig in Ordnung. Ein energiegeladener Border Collie braucht andere Menschen als ein ruhiger Berner Sennenhund. Bist du sportlich aktiv oder eher gemütlich unterwegs? Möchtest du deinen Hund täglich stundenlang fordern – oder lieber entspannte Spaziergänge genießen?
Nimm dir Zeit, dich mit den Eigenschaften der Rasse oder Mischung auseinanderzusetzen. Lies Rasseportraits, informiere dich in Hundeschulen oder bei Züchtern – sei dabei aberkritisch: Begriffe wie „familienfreundlich" oder „anfängergeeignet" sind oft zu pauschal. Jeder Hund wird erst durch deine Erziehung und Sozialisierung zu dem, was er später ist.

Stell dir ehrliche Fragen:
– Wird das mein erster Hund?
– Wie viel Erfahrung bringe ich mit?
– Bin ich eher sensibel und nachgiebig – oder konsequent und durchsetzungsstark?
– Habe ich Zeit, Geduld und Interesse, mich intensiv mit Hundeverhalten auseinanderzusetzen?

Einige Hunderassen wie Rottweiler, Dobermann, Malinois, Staffordshire Terrier oder Bulldoggen brauchen eine klare, sichere Führung. Wenn du weißt, dass dir das schwerfallen könnte, wähle lieber eine Rasse, die deinem Wesen mehr entspricht.

1. Listenhunde gelten oft als gefährlich, dabei entscheiden Haltung und Herkunft über ihr Verhalten.

2. Kraftvoll und klug: Rottweiler brauchen eine klare, faire Erziehung und erfahrene Menschen an ihrer Seite.

1

1. Rüden sind oft etwas robuster im Auftreten, was nicht bedeutet, dass sie weniger sensibel sind.

2. Hündinnen gelten als anschmiegsamer, ihr Wesen ist aber genauso individuell wie beim Rüden.

3. Ob Rüde oder Hündin besser passt, hängt weniger vom Geschlecht, als vom Charakter, Alltag und dir selbst ab.

RÜDE ODER HÜNDIN – WAS PASST BESSER?

Auch diese Frage solltest du dir ganz in Ruhe stellen, bevor ein Welpe bei dir einzieht. Viele Menschen haben eine persönliche Vorliebe: die einen fühlen sich eher zu Rüden hingezogen, andere bevorzugen die Gesellschaft einer Hündin. Doch wie groß sind die Unterschiede wirklich?
Rein charakterlich lässt sich kaum eine allgemeingültige Aussage treffen. **Jeder Hund ist ein Individuum mit eigenem Wesen, eigener Persönlichkeit und auch eigenen Bedürfnissen.**
Was allerdings biologisch eine gewisse Rolle spielt, ist das Sexualverhalten: Rüden zeigen dieses meist etwas ausgeprägter als Hündinnen. Beide Geschlechter werden etwa zwischen dem fünften und zwölften Lebensmonat geschlechtsreif, kleinere Hunde früher, größere später.
Bei Hündinnen solltest du bedenken, dass sie etwa zweimal im Jahr läufig werden. In dieser Zeit kann sich ihr Verhalten leicht verändern: manche sind anhänglicher, sensibler oder auch gereizter. Das ist ganz normal und gehört zum natürlichen Zyklus einer Hündin dazu. Mit liebevoller Begleitung lässt sich diese Zeit für euch beide gut gestalten.
Der Mythos, dass Rüden grundsätzlich „dominanter" oder Hündinnen „verschmuster" seien, hält sich hartnäckig, ist aber schlichtweg nicht haltbar. Auch Hündinnen können ein stark ausgeprägtes Revierverhalten zeigen. Und Rüden können sehr sensibel und anhänglich sein. Es hängt viel mehr von der individuellen Persönlichkeit und dem Umfeld ab, als vom Geschlecht allein.
Ein kleiner, vielleicht überraschender Fakt zum Schluss: Manche Hündinnen nehmen das Thema Reviermarkierung so ernst, dass sie sich – tatsächlich – beim Pinkeln auf die Vorderbeine stellen, um möglichst hoch zu markieren. Das sieht fast aus wie ein Handstand – ist aber nichts anderes als ein Ausdruck ihres Selbstbewusstseins.

2

3

RÜDE ODER HÜNDIN? EIN KLEINER ÜBERBLICK

	Rüde	Hündin
Geschlechtsreife	ca. ab dem 6. Monat	ca. ab dem 6. Monat
Sexualtrieb	meist etwas ausgeprägter (z. B. Interesse an Gerüchen)	zyklusbedingt wechselnd, kann sensibler sein
Läufigkeit	-	1 bis 2 x jährlich, evtl. Verhaltensänderung möglich
Charakter	oft als „verspielt“ und „draufgängerisch“ beschrieben – kann, muss aber nicht so sein	gilt häufig als anhänglicher – das ist jedoch individuell
Revierverhalten	markiert öfter, zeigt u. U. mehr „Besitzdenken“	kann ebenfalls starkes Revierverhalten zeigen
Kastration (wenn gewünscht)	in der Regel unkomplizierter Eingriff	etwas aufwendiger (Operation im Bauchraum)
Kosten bei Läufigkeit	-	eventuell Hygieneprodukte und/oder Läufigkeitshose nötig

Diese Angaben sind Tendenzen – keine Regeln. Jeder Hund ist einzigartig und entwickelt sich individuell. Lerne deinen Welpen als Persönlichkeit kennen und nicht nur als „Rüde“ oder „Hündin“.

Woher bekomme ich meinen Welpen?

Züchter, Tierschutz oder vielleicht doch eine Anzeige im Internet? Diese Frage stellen sich viele Menschen, wenn sie sich auf die Suche nach einem vierbeinigen Familienmitglied machen.

Bevor wir gemeinsam einen ehrlichen Blick auf die Möglichkeiten werfen, mit dem Ziel, für dich und vor allem für den Welpen die bestmögliche Entscheidung zu treffen, möchte ich dir erst einmal an die Hand geben, auf was du bei jedem Kauf achten solltest.

SCHAU DIR DIE ELTERNTIERE AN

Hast du ernsthaftes Interesse an einem Welpen, dann bestehe darauf, die Elterntiere kennenzulernen bzw. in jedem Fall die Mutterhündin. Die Rüden leben häufig nicht bei den Züchtern, jedoch kannst du Informationen über Charakter und Gesundheitsergebnisse des Rüden bekommen. Bei Mischlingshunden wird dies schwieriger, da die Väter häufig auch unbekannt sind. Doch die Mutterhündin solltest du immer kennenlernen können, ansonsten Finger weg! Das ist ein echtes Warnsignal. Wirken die Elterntiere bzw. die Mutterhündin auffällig scheu, aggressiv, krank oder insgesamt verstört, solltest du Abstand vom Kauf nehmen.

Nimm dir Zeit bei der Auswahl, es ist eine Entscheidung fürs Leben, für euch beide.

WIE WIRKEN DER WELPE BZW. SEINE GESCHWISTER AUF DICH?

Frage gleich zu Beginn, ob der Welpe einen aktuellen Impfausweis hat und lass ihn dir unbedingt zeigen. Achte beim ersten Kennenlernen auf dein Bauchgefühl und schaue dir die Umgebung und die vorhandenen Hunde und Menschen genau an. Wo und wie wächst dein potenzieller Welpe auf, ist alles sauber, hat er genug Auslauf und Anregungen für seine Sinne, sind noch Geschwister vorhanden, wie reagiert er auf seine momentane Bezugsperson, ist er aufgeschlossen oder eher ängstlich?

Kriterien für einen „gesunden" Welpen:

– aufgeschlossen sowohl seinen Geschwistern und der Mutterhündin gegenüber, als auch seinen Menschen

– munter, verspielt, neugierig (kann man nur im wachen Zustand beurteilen, nicht, wenn der Welpe müde ist)

Das persönliche Kennenlernen der Züchter und Welpen ist wichtig und ein tolles Erlebnis.

– sucht Kontakt zum Menschen
– klare Augen ohne Ausfluss
– kein Nasenausfluss
– glänzendes, gut riechende Fell (Welpen haben einen süßlich angenehmen Geruch)
– keine sichtbaren Parasiten (z. B. Flöhe)
– flott und sicher auf den Beinen
– guter Appetit

VORSICHT VOR KLEINANZEIGEN

Sicher sind dir im Internet einige Plattformen bekannt, auf denen Welpen – teilweise zu Höchstpreisen – angeboten werden. Nicht selten muss man sich nicht nur für eine Rasse entscheiden, sondern kann auch Farbe und Geschlecht bestimmen. Alles wirkt sehr praktisch, unkompliziert und schnell. Doch genau hier liegt das Problem: Häufig fehlt es an Transparenz, Herkunftsnachweisen und ehrlichen Informationen. Viele Welpen, die über solche Anzeigen verkauft werden, stammen aus fragwürdigen Verhältnissen. Ihre Geschichte bleibt oft im Dunkeln, was du später leider teuer bezahlen könntest, mit Sorgen, Tierarztkosten und/oder Verhaltensauffälligkeiten. Was auch im Verborgenen bleibt, sind die Hündinnen, die meist unter furchtbarsten Bedingungen als Gebärmaschinen missbraucht werden. Jeder verkaufte Welpe bringt Geld und vergrößert das Leid (siehe auch Welpenhandel).

Bei erwachsenen Hunden darfst du bei Kleinanzeigen durchaus einmal genauer hinsehen. Trennungen, Umzüge oder Allergien führen immer wieder dazu, dass wunderbare Hunde schweren Herzens abgegeben werden müssen. Lies aber aufmerksam, stell Fragen, vertraue auch hier auf dein Bauchgefühl und prüfe genau, warum der Hund abgegeben werden soll.

KEINE UNTERSTÜTZUNG VON ILLEGALEM WELPENHANDEL

Nimm bitte Abstand von sogenannten *Kofferraum-Käufen*, bei denen Welpen aus dem Ausland – meist Osteuropa – unter fragwürdigen Bedingungen nach Deutschland gebracht werden. Leider werden diesen Welpen manchmal sogar Medikamente oder Adrenalin gespritzt, damit sie bei der Übergabe gesund und lebhaft wirken. Zuhause angekommen, folgt dann oft das böse Erwachen, wenn das Tier apathisch wird oder ernsthaft krank ist. Bitte sei wachsam, auch wenn der Preis verlockend erscheint. Kaufe niemals Welpen spontan aus dem Kofferraum oder dubiosen Wohnungen.

1

2

1. Gute Züchter zeigen dir die Mutterhündin, das Umfeld und geben dir ehrliche Antworten.

2. Sie begleiten dich mit Herz und Verstand – von der ersten Frage bis zum Einzug des Welpen und häufig noch darüber hinaus.

ZÜCHTER:INNEN – WORAUF DU ACHTEN SOLLTEST

Seriöse Züchter:innen nehmen sich Zeit. Sie haben in der Regel nicht sofort Welpen „auf Lager“, sondern führen oft Wartelisten und prüfen genau, an wen sie ihre Hunde abgeben. Sie interessieren sich für dein Umfeld und deine Pläne mit dem Tier. Ein gutes Zeichen!

Wenn dir wichtig ist, dass dein Hund mit Papieren kommt (z. B. einer Ahnentafel), schau gezielt nach Züchtern, die beim VDH (Verband für das Deutsche Hundewesen) gelistet sind. Sie unterliegen bestimmten Auflagen und arbeiten nach anerkannten Standards – zum Wohle der Tiere. Aber auch eine gute Hobbyzucht kann eine wunderbare Option sein – insbesondere, wenn offen kommuniziert wird, man sich Zeit nimmt und du die Tiere vor Ort erleben kannst. Vielleicht hast du jemanden im Freundeskreis, der dir einen vertrauenswürdigen Kontakt empfehlen kann.

Wichtig beim Besuch der Zuchtstätte:

– Lass dir unbedingt die Elterntiere zeigen, zumindest die Mutterhündin muss mit im Haus leben. Auch die Geschwister solltest du sehen.
– Lass dir die Gesundheitszeugnisse der Elterntiere zeigen und frage nach Impfungen der Welpen.
– Achte auf das Verhalten und das äußere Erscheinungsbild der Welpen.
– Frage nach, was die Welpen bereits erlebt haben (neue Umgebungen, Menschen, Geräusche etc.).
– Frage nach, wann die Welpen abgegeben werden (vor der vollendeten 8. Lebenswoche sollte kein Welpe von der Mutterhündin getrennt werden!).

Gute Züchter:innen geben dir nicht nur einen Hund mit – sie begleiten dich ein Stück auf eurem Weg und stehen mit Rat und Erfahrung zur Seite. Manche Kontakte halten ein Leben lang und viele freuen sich, auch über ihre älteren Hunde noch etwas zu erfahren.

Auch im Tierschutz warten junge Hunde auf ein liebevolles Zuhause.

WELPEN AUS DEM TIERSCHUTZ – EINE HERZENSSACHE

Auch der Tierschutz ist eine tolle Möglichkeit, einem Hund ein Zuhause zu schenken – und ja, auch dort gibt es Welpen! Besonders Tierheime sind oft dankbar über verantwortungsvolle Menschen, die jungen (oder auch älteren) Hunden eine zweite Chance geben.

Wenn du über einen Welpen aus dem Tierschutz nachdenkst, achte bitte darauf, dass du ihn vorher kennenlernen kannst. Das ist nur möglich, wenn er bereits in Deutschland ist. Wenn du den Hund nicht persönlich treffen kannst und dir am Telefon oder per E-Mail viele wundersame Versprechungen gemacht werden, solltest du skeptisch werden. Leider werden Hunde aus dem Ausland manchmal ohne echte Einschätzung ihrer Persönlichkeit vermittelt – mit der Folge, dass Mensch und Hund später nicht zueinanderfinden.

Im Tierheim spielt das Alter keine Rolle. Auch ältere Hunde warten sehnsüchtig auf ein liebevolles Zuhause. Oft sind sie bereits stubenrein, ruhiger und sehr anpassungsfähig. Vielleicht wartet dort bereits dein perfekter Begleiter?

Fazit: Der richtige Weg ist der, der sich gut anfühlt – für dich und deinen künftigen Hund!

Wo auch immer dein Hund herkommt: Es sollte sich stimmig anfühlen. Informiere dich gut, stelle Fragen, höre auf dein Herz und hab keine Angst davor, auch mal „Nein“ zu sagen, wenn dir etwas komisch vorkommt. Denn du entscheidest nicht nur, woher dein Welpe kommt – du entscheidest über seine Zukunft und damit auch über eure gemeinsame.

Weitere Fragen zur Hundehaltung

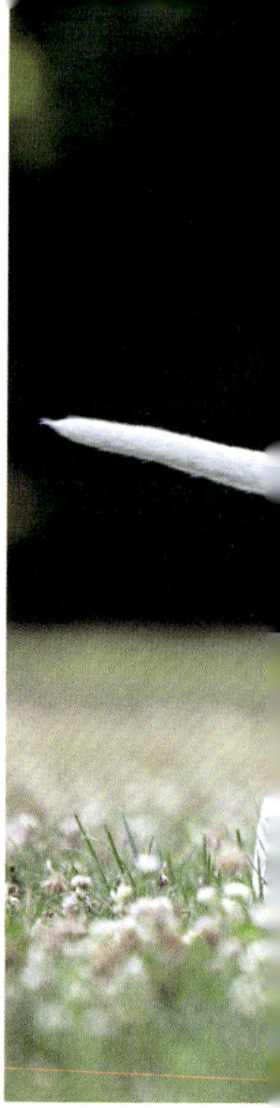

Bevor dein Welpe bei dir einzieht, müssen einige Fragen beantwortet werden. Denn ein Hund ist keine kurzfristige Anschaffung, sondern eine langfristige Verantwortung.

WIE VIEL ZEIT HABE ICH FÜR MEINEN HUND?

Möchtest du einen Welpen bei dir aufnehmen, solltest du sicherstellen, dass du ausreichend Zeit für ihn aufbringen kannst und auch möchtest. Gemeinsame Spaziergänge sind weit mehr als nur Bewegung. Sie fördern die Gesundheit deines Hundes, stärken seine Muskulatur, unterstützen die Entwicklung seiner Knochen und, mindestens genauso wichtig, vertiefen eure Bindung zueinander. Überlege dir auch, ob du Freude daran hast, dich intensiv mit deinem Hund zu beschäftigen. Möchtest du vielleicht sogar gemeinsam in den Hundesport einsteigen? Wenn ja, könnte eine etwas agilere Rasse gut zu dir passen.

Aufwand für Pflege

Ein oft unterschätzter Punkt ist der Pflegeaufwand. Unabhängig davon, wie gern ein Hund sich bürsten oder waschen lässt, gehört zur regelmäßigen Pflege deutlich mehr als man denkt. Dazu zählen das Kämmen des Fells, das Säubern der Pfoten, das Putzen der Zähne und das Reinigen der Ohren, und das regelmäßig.
Und wenn du deinen Hund einmal gebadet hast, endet die Arbeit nicht mit dem Trocknen des Fells. Auch das Badezimmer, deine Kleidung und vielleicht sogar du selbst brauchen danach Aufmerksamkeit. Je nach Fellstruktur deines Hundes kann es außerdem notwendig sein, einen Hundefriseur aufzusuchen. Auch das bedeutet Zeit und ein gewisses Budget.
Mach dir bewusst: Ein Hund bedeutet nicht nur Spiel und Freude, sondern auch Pflege, Verantwortung und Alltag.

WIE SIEHT MEINE FINANZIELLE SITUATION AUS?

Wie in vielen anderen Bereichen des Lebens, gibt es auch bei der Hundehaltung große Unterschiede, was die Kosten betrifft. Schon bei der Anschaffung fallen diese je nach Rasse unterschiedlich aus. Besonders größere Hunderassen sind in der Regel deutlich teurer als kleine.

Ein Welpe bringt Freude und Verantwortung. Nimm dir Zeit, alle wichtigen Fragen vorab ehrlich zu klären.

Das betrifft nicht nur den Kaufpreis selbst, sondern auch sämtliche Dinge, die du für deinen Hund brauchst – vom Napf bis zur Transportbox, vom Halsband bis zur Hundedecke. Man kann grob sagen, dass die Ausstattungskosten bei großen Hunderassen etwa doppelt so hoch liegen wie bei kleinen.
Auch bei tiermedizinischen Kosten macht sich das bemerkbar. Medikamente müssen je nach Körpergewicht dosiert werden, Operationen sind aufwendiger, Narkosen müssen höher angesetzt werden. Das schlägt sich im Preis nieder. Wer sich für einen großen Hund entscheidet, sollte sich dieser Folgekosten bewusst sein.

Der tatsächliche Kostenaufwand

Nimm dir die Zeit, eine realistische Kostenübersicht zu erstellen. Überlege dir, was dein Hund dich monatlich kosten wird – angefangen bei Futter, über Haftpflich- und eventuell OP- oder Krankenversicherung, bis hin zu Ausstattung, Pflegeartikeln und regelmäßige tiermedizinische Vorsorgeuntersuchungen. Entscheide, wie du deinen Hund ernähren möchtest und welchen Stellenwert Qualität bei dir hat, etwa bei Futter oder Zubehör. Auch die Hundesteuer fällt je nach Stadt und Hunderasse höher aus – hier gibt es große Unterschiede – erkundige dich vorab. Rechne bitte auch langfristig. Überlege, ob du finanziell in der Lage bist, nicht nur die regelmäßigen Kosten zu tragen, sondern auch Rücklagen zu bilden. Was passiert, wenn dein Hund operiert werden muss oder eine chronische Erkrankung entwickelt? Könntest du das tragen, ohne in eine finanzielle Notlage zu geraten? Hier kann eine Krankenversicherung sinnvoll sein. Auch eine Hundepension für Urlaubszeiten oder Krankheitsfälle kann teuer werden, wenn niemand aus deinem Umfeld zur Betreuung bereitsteht (siehe S. 34).
Sei in deiner Kalkulation lieber großzügig. Es ist immer besser, wenn am Monatsende etwas Geld übrigbleibt, als wenn du dich in eine belastende finanzielle Situation bringst.

Ein Welpe bringt mehr Haare, Schmutz und Verantwortung. Kläre vorher, ob dein Alltag (und dein Mietvertrag) dafür bereit ist.

Wichtig

Sei ehrlich: Passt ein Hund wirklich in deinen Alltag, auch mit Blick auf Zeit, Ordnungsliebe, Wohnsituation und mögliche Allergien? Ein Check im Vorfeld erspart späteren Stress und schützt dich (und deinen Hund) vor schwierigen Entscheidungen.

WAS SAGT MEIN VERMIETER ZU MEINEM HUNDEWUNSCH?

Lebst du in einer Mietwohnung oder einem gemieteten Haus, führt kein Weg daran vorbei, mit deinem Vermieter oder deiner Vermieterin zu sprechen. Ohne eine ausdrückliche Zustimmung darfst du dir keinen Hund anschaffen. Der erste Schritt sollte immer ein Blick in deinen Mietvertrag sein. Oft ist dort bereits geregelt, ob das Halten eines Hundes grundsätzlich erlaubt, eingeschränkt möglich oder ausdrücklich untersagt ist.

Falls es im Vertrag keine klare Regelung gibt oder du dir unsicher bist, such das persönliche Gespräch. Es kann einen großen Unterschied machen, ob du deine Anfrage per E-Mail stellst oder offen und direkt das Gespräch suchst. Eine E-Mail ist zwar bequem, wirkt aber schnell distanziert und kann dazu führen, dass dein Anliegen weniger wohlwollend aufgenommen wird.

Ist ein persönliches Treffen nicht möglich, etwa weil deine Vermieter weiter entfernt wohnen, nimm dir die Zeit für ein Telefonat. Es zeigt, dass du deine Anfrage ernst meinst und bereit bist, Verantwortung zu übernehmen. Gerade bei so einem sensiblen Thema kann ein offener, respektvoller Austausch die Tür für ein Ja öffnen. Und genau darum geht es: gemeinsam eine tragfähige Lösung zu finden, bevor ein Hund einzieht.

BIST DU BEREIT, MEHR ZU PUTZEN?

Ein Thema, das du nicht unterschätzen solltest, ist die Verunreinigung deines Wohnraums. Gerade zu Beginn, wenn dein Welpe bei dir einzieht, wirst du dich darauf einstellen müssen, dass er noch nicht stubenrein ist. Es gehört ganz selbstverständlich zur Entwicklung dazu, dass es in dieser Phase zu kleinen oder größeren Missgeschicken kommt. Das bedeutet: Pfützen auf dem Boden, auch mal auf dem Teppich, sind keine Seltenheit – selbst dann nicht, wenn du alles richtig machst.

Doch auch bei ausgewachsenen Hunden kann es zu solchen Situationen kommen. Stresspinkeln in aufregenden oder ungewohnten Momenten ist keine Ausnahme, sondern ein häufiger Ausdruck von Überforderung. Darüber hinaus kann Inkontinenz ein Thema werden – bei kranken, kastrierten oder älteren Hunden. Das bedeutet, dass selbst ein gut erzogener Hund im Verlauf seines Lebens immer mal wieder in die Wohnung macht, ohne es zu wollen oder bewusst zu steuern. Zudem bringt dein Hund täglich Schmutz mit ins Haus. Nach einem Spaziergang im Wald, auf dem Feld oder selbst nach einem kurzen Ausflug in den Garten wird er Dreck, Sand oder Erde mit den Pfoten ins Haus tragen. Hinzu kommt der natürliche Fellwechsel. Hunde verlieren Haare, manche mehr, manche weniger. Regelmäßiges Staubsaugen wird zum festen Bestandteil deines Alltags werden, ganz gleich wie ordentlich du bist. Wenn du sehr empfindlich bist, was Ordnung und Sauberkeit betrifft, und dir schwer vorstellen kannst, mit spontanen Verschmutzungen oder kleinem Chaos umzugehen, dann solltest du ehrlich reflektieren, ob ein Hund wirklich zu deinem Lebensstil passt. Sauberkeit ist im Leben mit Hund möglich, aber sie sieht oft anders aus als vorher. Das Wichtigste ist, ob du bereit bist, dich darauf einzulassen.

WAS IST MIT EINER TIERHAARALLERGIE?

Da dein Hund Haare verlieren wird – ob im Wohnraum, im Auto oder auf der Kleidung – ist es wichtig, frühzeitig abzuklären, ob bei dir oder anderen im Haushalt eine Tierhaarallergie besteht. Leider machen sich viele Menschen erst nach der Anschaffung Gedanken darüber, weil sich plötzlich Symptome zeigen oder sich der Gesundheitszustand eines Familienmitglieds verschlechtert. Damit es gar nicht erst soweit kommt, kläre das bitte im Vorfeld ärztlich ab. Unser Ziel ist, dass dein Welpe ein dauerhaftes Zuhause bei dir findet und sich nicht nach wenigen Wochen wieder umorientieren muss. Eine so frühe Trennung wäre nicht nur für dich, sondern vor allem für den Welpen eine große Belastung.

Eine Allergie kann das Zusammenleben mit Hund stark belasten. Kläre es besser vorher ab, bevor der Welpe einzieht.

1

2

IST DIE GANZE FAMILIE MIT DEM HUND EINVERSTANDEN?

Lebst du nicht allein, dann sollte die Entscheidung für einen Hund keine Einzelentscheidung sein. Auch wenn es in der Anfangszeit wichtig ist, dass dein Welpe eine feste Bezugsperson hat, die ihn durch die ersten Wochen begleitet und das Training übernimmt, betrifft die Haltung eines Hundes dennoch alle im Haushalt lebenden Menschen.

In einer Familie, einer Partnerschaft oder auch in einer Wohngemeinschaft sollte die Entscheidung gemeinsam getragen werden. Denn ein Hund bedeutet nicht nur Freude, sondern auch Verantwortung, Zeitaufwand und Alltagspflichten, die am Ende meist von mehreren übernommen werden. Setz dich in Ruhe mit den Menschen zusammen, mit denen du zusammenlebst, und sprich offen über deinen Wunsch. Bitte um ehrliches Feedback

Wichtig

Läuft es nicht so harmonisch zwischen Kind und Hund, ist das kein Scheitern, sondern ein Signal zum Hinsehen. Hol dir ggf. professionelle Hilfe.

»Nur wenn alle Beteiligten hinter der Entscheidung stehen, entsteht eine stabile Basis für ein harmonisches Zusammenleben und ein sicheres Zuhause für den Hund.«

3

und höre aufmerksam zu. Wenn jemand mit dem Gedanken Schwierigkeiten hat oder sich überfordert fühlt, kann das zu Spannungen führen, die langfristig sowohl euch als auch den Hund belasten würden.

GIBT ES KINDER ODER SOLLEN IN ZUKUNFT WELCHE DAZUKOMMEN?

Die Vorstellung, dass Kind und Hund gemeinsam aufwachsen, beste Freunde werden und ein unschlagbares Team bilden, ist wunderschön, aber leider entspricht die Realität oft nicht diesem Wunschbild. In vielen Fällen sind Kinder der Hauptgrund dafür, warum Hunde wieder abgegeben werden. **Der Alltag mit einem Welpen ist fordernd. Der Alltag mit Kindern ebenso. Beide zusammen unter einen Hut zu bekommen, ist eine Herausforderung, die viel Geduld, Struktur und Ausdauer verlangt.**

Es reicht nicht, wenn der Hund lernt, mit Kindern umzugehen. Genauso wichtig ist es, dass auch das Kind lernt, den Hund richtig zu behandeln. Vor allem kleinere Kinder neigen dazu, Welpen als lebendige Kuscheltiere oder dauerhafte Spielkameraden zu sehen. Dass ein Hund eigene Bedürfnisse, Rückzugsorte und Ruhezeiten braucht, ist für viele Kinder nicht sofort greifbar. Diese Einsicht entwickelt sich erst mit der Zeit und erfordert ständige Begleitung durch die Erwachsenen. Frage dich ehrlich, ob du bereit bist, diese doppelte Verantwortung zu übernehmen. Du wirst sowohl deinem Kind als auch deinem Hund gerecht werden müssen – und das dauerhaft. Die Entwicklung eines Welpen ist in vielen Punkten vergleichbar mit der eines Kleinkindes. Beide brauchen Begleitung, Anleitung, Geduld und Verständnis, um die Welt nach und nach zu begreifen.

1. Wachsen Hund und Kind zusammen auf, kann das sehr schön sein – mit klaren Regeln, Geduld und gegenseitigem Respekt.

2. Leben Kinder im Haushalt, ist ein Blick auf rassetypische Eigenschaften und Charakter wichtig – nicht jeder Hund ist automatisch kinderfreundlich.

3. Alle sollten hinter der Entscheidung stehen, denn ein Hund braucht Sicherheit, Verlässlichkeit und ein liebevolles Miteinander.

1

2

1. So schön das Zusammenspiel auch ist – du bleibst in der Verantwortung. Sicherheit und Grenzen kommen immer von dir.

2. Begleitest du den Kontakt liebevoll, können Kinder und Hunde tolle Freunde sein.

Die Verantwortung liegt bei dir!

Sind deine Kinder bereits etwas älter, wirst du womöglich hören, dass sie sich hochmotiviert zeigen und versprechen, bei Wind und Wetter mit dem Hund Gassi zu gehen. Diese Versprechen sind gut gemeint, aber selten dauerhaft belastbar. In der Realität landest du häufig doch selbst an der Leine, gerade bei schlechtem Wetter, Müdigkeit oder vollen Terminkalendern. Und wenn wir schon beim Thema Gassigehen sind, dann möchte ich dich ausdrücklich dazu ermutigen, dir vorher Gedanken darüber zu machen, ob dein Kind diese Verantwortung überhaupt tragen sollte. Ein Spaziergang mit Hund ist niemals ganz planbar. Es kann immer etwas Unvorhergesehenes passieren – ein anderer Hund, ein Wildtier, ein lautes Geräusch, das den Hund erschreckt. Auch ältere Kinder sollten deshalb beim Spazierengehen nicht allein gelassen werden. Es ist immer sinnvoller, das Kind zu begleiten, damit im Fall der Fälle eingegriffen werden kann. Die Verantwortung für einen Hund darf nicht leichtfertig aus der Hand gegeben werden – auch nicht in bester Absicht.

Der Kontakt zwischen Kindern und Hunden

Viele Menschen gehen davon aus, dass ein Hund schon lernen wird, mit einem Kind umzugehen. Diese Vorstellung ist nicht falsch – aber sie greift zu kurz. Denn genauso wie der Hund lernen muss, sich sicher im Familienalltag zu bewegen, muss auch das Kind lernen, wie man respektvoll und achtsam mit einem Hund umgeht. Ein harmonisches Miteinander kann nur entstehen, wenn beide Seiten – Kind und Hund – die Chance bekommen, sich aufeinander einzustellen. Und vor allem, wenn die Erwachsenen diesen Prozess aktiv begleiten. Der Hund darf nie in eine Situation geraten, in der er sich gezwungen fühlt, sich zu verteidigen. Dass ein Hund nicht knurrt, bellt oder beißt, heißt noch lange nicht, dass es ihm gut geht. Hunde kommunizieren viel früher und viel feiner über ihre Körpersprache. Genau diese Signale gilt es zu erkennen und zu verstehen (siehe Körpersprache, S. 145 ff.).

Rückzugsort für den Hund

Ein besonders wichtiger Punkt ist der Rückzugsort deines Hundes. Dein Kind sollte von Anfang an lernen, dass dieser Bereich tabu ist. Der Ruheplatz deines Hundes ist sein sicherer Hafen, sein Ort der Entspannung, und der sollte ihm auch inmitten eines lebhaften Familienalltags unbedingt erhalten bleiben.

Und zuletzt: **Bitte erlaube deinem Hund, individuell zu sein. Jeder Hund ist anders.** Was für den Hund eines Bekannten völlig unproblematisch ist, kann für deinen Hund unangenehm oder überfordernd sein. Respektiere die Eigenheiten deines Tieres und vermittle genau diesen Respekt auch an dein Kind. Das ist der Grundstein für ein liebevolles, verständnisvolles und langfristig sicheres Zusammenleben.

Jeder Hund braucht einen Ort, an dem er ungestört zur Ruhe kommen darf – besonders im trubeligen Familienalltag.

Gerade in den ersten Wochen geht auch mal was daneben. Geduld, Verständnis und konsequentes Rausgehen helfen deinem Welpen, sauber zu werden.

BIST DU BEREIT, NACHTS AUFZUSTEHEN?

Wenn du von Natur aus früh wach bist, wird dich dieser Punkt wahrscheinlich nicht besonders stören. Doch falls du zu den Menschen gehörst, die gern ausschlafen – insbesondere an Wochenenden oder im Urlaub –, wird sich dein Alltag mit einem Welpen zunächst deutlich verändern. Welpen sind wie kleine Kinder. Sie melden sich, wenn sie Hunger haben oder raus müssen. Und das ist nicht an Tages- oder Nachtzeiten gebunden. Du wirst aufstehen müssen, auch wenn du gerade tief schläfst oder eigentlich ausschlafen wolltest. Füttern musst du deinen Welpen nachts nicht, aber du solltest ihn rechtzeitig nach draußen bringen, damit er sich lösen kann. Das ist wichtig für die Stubenreinheit und unerlässlich für einen gesunden Start. Dabei spielt es keine Rolle, ob es Wochenende ist, ein Feiertag oder du Urlaub hast. Dein Welpe kennt keine Uhr und keine Wochentage. Er lebt im Moment – und du wirst dich eine Zeit lang an seinen Rhythmus anpassen müssen.

BIST DU BEREIT, DEINEN JAHRESURLAUB ZU OPFERN?

Wir alle kennen das Gefühl: Wir fiebern dem Wochenende entgegen, planen unsere freien Tage und freuen uns auf den wohlverdienten Jahresurlaub. Doch wenn du dir in einem bestimmten Jahr einen Welpen anschaffen möchtest, kann genau dieser Urlaub plötzlich ganz anders aussehen als gewohnt. Denn die entscheidende Frage lautet: Bist du bereit, deinen Jahresurlaub gezielt dafür einzuplanen, wenn dein Welpe bei dir einzieht?
Es empfiehlt sich, mindestens drei bis sechs Wochen Urlaub einzuplanen, sobald dein Welpe bei dir einzieht. Diese Zeit ist entscheidend. Du brauchst Raum für die Eingewöhnung, für die ersten Schritte im Training und ganz einfach dafür, dass dein Welpe Vertrauen aufbauen kann. Ein junger Hund möchte nicht allein sein – und kann es auch noch nicht! Deine ständige Anwesenheit hilft ihm, in seiner neuen Umgebung Sicherheit zu finden. Erlaubt dir deine Firma, den Hund mit zur Arbeit zu nehmen, kann ein dreiwöchiger Urlaub ausreichen. Sollte das nicht möglich sein, was aus verschiedensten Gründen der Fall sein kann, solltest du mindestens sechs Wochen einplanen. Diese Investition zahlt sich aus. Ein stabiler Start ist die Grundlage für ein entspanntes, gemeinsames Leben.

Ein Hund ist ein sehr soziales Lebewesen. Überlege ehrlich, wie viel Zeit du ihm täglich schenken kannst.

WIE LANGE MUSS DEIN HUND WEGEN DER ARBEIT ALLEIN BLEIBEN?

In den wenigsten Berufen ist es möglich, den eigenen Hund regelmäßig mit zur Arbeit zu nehmen. Umso wichtiger ist es, dass du dir vor der Anschaffung eines Hundes ehrlich überlegst, wie viele Stunden dein Tier täglich allein zu Hause verbringen müsste.

Mach dir bewusst, dass Hunde von Natur aus soziale Lebewesen sind. Sie brauchen Nähe, Kontakt und Verlässlichkeit. Alleinsein fällt ihnen schwer, besonders dann, wenn es zu früh, zu lange oder ohne entsprechendes Training stattfindet. Ein junger Hund muss in kleinen Schritten an das Alleinsein gewöhnt werden, und auch erwachsene Hunde profitieren davon, wenn ihre Zeit allein auf ein Minimum reduziert wird. Mehr als 5 Stunden am Tag sollte dein Hund nicht allein sein müssen.

Verlass dich nicht blind auf externe Betreuungseinrichtungen. Auch wenn es Hundetagesstätten oder private Betreuungsangebote gibt, heißt das nicht automatisch, dass dein Hund sich dort wohlfühlt. Manche Hunde kommen mit dem Trubel, der Gruppendynamik oder der neuen Umgebung nicht gut zurecht und reagieren mit Stress oder Rückzug.

Überlege dir einen realistischen Plan, der deinem Hund gerecht wird. Sorge dafür, dass er so wenig Zeit wie möglich allein verbringen muss. Plane dabei auch unvorhergesehene Situationen mit ein und behalte einen ehrlichen Blick auf deinen Alltag. Dein Hund wird es dir danken.

Ob Hotel oder Ferienhaus: Überlege frühzeitig, wie du deinen Urlaub mit Hund gestalten möchtest – nicht jeder Hund reist gern mit.

WAS TUST DU MIT DEM HUND IM URLAUB?

Das ist eine wichtige Frage – und eine, die du dir unbedingt vor der Anschaffung deines Hundes stellen solltest. Was passiert, wenn du verreisen möchtest und deinen Hund nicht mitnehmen kannst? Nicht jeder Hund fährt entspannt lange Autostrecken und auch Flugreisen sind meist nicht zu empfehlen. Viele Menschen denken deshalb in solchen Situationen an eine Hundepension. Doch diese Einrichtungen sind oft ausgelastet, und nicht jeder Hund fühlt sich in einer Pension wohl. Es ist keineswegs selbstverständlich, dass dein Hund in einer solchen Umgebung zurechtkommt – besonders nicht, wenn er sensibel oder wenig sozialisiert ist.

Und es geht nicht nur um den klassischen Urlaub. Auch andere Situationen wie Krankenhausaufenthalte oder Dienstreisen können plötzlich dafür sorgen, dass du eine Betreuung brauchst. Überlege dir daher frühzeitig, wer deinen Hund in solchen Fällen betreuen könnte. Ist jemand in deinem Umfeld bereit und in der Lage, Verantwortung zu übernehmen? Weißt du, dass dein Hund dort gut aufgehoben wäre?

Es reicht nicht, wenn dein Hund einfach irgendwo untergebracht ist. Wichtig ist, dass er nicht nur betreut, sondern auch wirklich versorgt wird – körperlich wie emotional. Je besser du auf solche Eventualitäten vorbereitet bist, desto entspannter wird dein Zusammenleben für dich und für deinen Hund.

GRUNDAUSSTATTUNG

Es gibt einige Dinge, die du bereits im Vorfeld besorgen solltest, damit dein neuer Begleiter sich von Anfang an wohlfühlt. Viele dieser Dinge brauchst du dauerhaft oder wirst sie im Laufe der Zeit immer wieder ersetzen müssen. Dazu gehören eine passende Leine, ein Halsband oder alternativ ein gut sitzendes Geschirr. Ein Futterbeutel kann dir später beim Training gute Dienste leisten. Auch ein gemütlicher Liegeplatz ist wichtig, damit dein Hund einen sicheren Rückzugsort hat. Futter- und Wassernäpfe gehören zur Grundausstattung ebenso, wie ausreichend Futter. Je nach Wetterlage oder Empfindlichkeit deines Hundes kann auch ein Hundemantel sinnvoll sein. Wenn du planst, deinen Hund regelmäßig im Auto mitzunehmen, wäre es ratsam, außerdem eine Transportbox in der passenden Größe anzuschaffen. Lass dich hier auch von den Züchtern oder den Tierheimmitarbeitenden beraten. Sie verfügen über viel Erfahrung, die sie sicher gern weitergeben.

CHECK VOR DEM WELPENKAUF

- Ich habe mich über Hundehaltung allgemein und über die Ansprüche verschiedener Rassen/Mischlingshunde informiert.
- Ich habe genug Zeit für einen Hund und kann die Verantwortung übernehmen.
- Alle im Haushalt lebenden Personen sind mit dem Hund einverstanden.
- Meine Vermieter erlauben die Hundehaltung.
- Meine finanzielle Lage ermöglicht eine Hundehaltung.
- Ich habe Kontakt zu Züchtenden und/oder mit Tierheimen/Tierschutzorganisationen aufgenommen.
- Ich habe mich über eine Haftpflichtversicherung informiert und werde diese mit Einzug des Welpen abschließen.
- Ich habe mich bei meiner Stadt über die Hundesteuer informiert.
- Informationen über Krankenversicherungen liegen mir vor.
- Es gibt eine Person, die im Notfall für den Hund sorgen kann.
- Mit meinem Arbeitgeber ist der Jahresurlaub abgesprochen, wenn der Welpe kommt.
- Mit meinem Arbeitgeber ist eventuell die Mitnahme des Hundes schriftlich vereinbart.
- Die Grundausstattung ist in Planung bzw. bereits vorhanden.

BASISWISSEN ÜBER WELPEN

VOM TAPSIGEN WELPEN ZUM ERWACHSENEN HUND

In den ersten Lebensmonaten macht dein Hund große Entwicklungssprünge – körperlich, geistig und emotional. Jede Phase bringt neue Herausforderungen mit sich.

Die Entwicklung deines Welpen

Vom Welpen bis zum erwachsenen Hund vergeht viel Zeit, in der dein Welpe bzw. Junghund verschiedene Entwicklungsphasen durchlebt.

In der 1. – 2. Woche nach seiner Geburt findet die sogenannte **Neugeborenenphase** statt. In dieser Zeit ist der Welpe noch blind und taub. Somit ist er auf die Unterstützung und Nähe seiner Mutter angewiesen. In der 2. – 3. Woche startet die **Übergangsphase**. Ab dem Zeitpunkt öffnen sich die Ohren und Augen. Für deinen Welpen eröffnet sich somit eine ganz neue Welt und es findet eine große Veränderung für ihn statt. Zwischen der 4. – 7. Woche befindet sich die **Prägephase**. Dort finden die ersten Charakterprägungen und die Gewöhnung an die Umgebung des Welpen statt.
In der Zeit zwischen der 8. – 12. Woche ist die **Angstphase**. Dort lernt der Welpe Verteidigung und Sozialisierung. Im Zeitraum zwischen der 12. – 16. Woche ist die sogenannte **Nachprägephase**. Diese nennt man auch nachgeprägtes Lernen. Zwischen der 4. – 16. Woche findet die **Sozialisierungsphase** statt.

PRÄGEPHASE BEI MUTTER UND GESCHWISTERN

Allein das Wort „Prägephase“ sagt eigentlich alles. Es ist die Zeit im Leben deines Welpen, in der er besonders aufnahmefähig ist – für Eindrücke, Erfahrungen, Gerüche, Geräusche, Begegnungen und Stimmungen. Alles, was er in dieser Zeit erlebt, ob positiv oder negativ, hinterlässt Spuren. Und genau deshalb ist diese Phase so sensibel und wichtig. Sie prägt ihn für den Rest seines Lebens.

Tipp

Die ersten Lebenswochen deines Welpen sind entscheidend. Achte bei der Auswahl der Züchter oder der Pflegestelle darauf, dass er in dieser sensiblen Phase viele positive Erfahrungen macht. Das legt den Grundstein für ein stabiles Wesen.

Jetzt beginnt eure gemeinsame Reise: Führe deinen Welpen behutsam an neue Eindrücke heran – mit Ruhe, Nähe und Sicherheit.

Hier wird nochmals deutlich, warum die Herkunft deines Welpen so wichtig ist. Denn die erste Prägephase verbringt dein Welpe bei seiner Mutter, den Geschwistern, eventuell anderen Hunden und den Menschen, die ihn aufziehen. Hier wird der Grundstein gelegt und die ersten Regeln gelernt. Eine souveräne Mutterhündin zeigt dem Welpen den hundegerechten Umgang und im Spiel mit seinen Geschwistern lernt er, sich auch einmal zurückzunehmen. Wird das alles von einer erfahrenen Person gelengt und erlebt der Welpe zudem wohldosierte Umweltreize und Kontakte zu unterschiedlichen Menschen, kann der Start ins Leben nicht besser beginnen.
Anders sieht es bei Welpen aus, die im Stall aufwachsen, keinen oder wenig Kontakt zu Menschen haben und vielleicht noch viel zu früh von ihrer Mutter getrennt werden. Hier werden positive Erfahrungen versäumt, die kaum mehr nachgeholt werden können.

SOZIALISIERUNGSPHASE IM NEUEN ZUHAUSE

Kommt dein Welpe mit frühestens acht Wochen zu dir, liegt viel in deiner Hand, wie er sich weiterentwickelt. Gehe in dieser Phase bitte behutsam vor. Dein Welpe soll die Welt kennenlernen, aber bitte in seinem Tempo und unter deinem Schutz (dazu mehr im Welpen-Training, S. 71 ff.). Achte darauf, dass er keine unnötigen Risiken eingeht. Überfordere ihn nicht. Vermeide Reize, die ihn verunsichern oder überrollen könnten.
Wird dein Welpe in dieser Zeit zum Beispiel von einem anderen Hund gebissen, kann es sein, dass er dadurch nachhaltig verunsichert wird. Manche Hunde entwickeln eine bleibende Angst oder Unsicherheit im Kontakt mit Artgenossen. In solchen Fällen spricht man von einem Deprivationsschaden, hervorgerufen durch ein Ereignis, das den Welpen so tief verunsichert hat, dass es langfristige Folgen hinterlässt. Dies lässt sich meist nicht mehr vollständig rückgängig machen.

Tipp

Weniger ist oft mehr! Überfordere deinen Welpen nicht mit zu vielen neuen Eindrücken auf einmal.

EIN WORT ZU WELPEN-SPIELSTUNDEN

Was auf den ersten Blick als eine gute Idee wirkt, entpuppt sich in vielen Fällen als gut gemeinte, aber schlecht gemachte Erfahrung. Viele dieser Stunden bestehen darin, dass eine Gruppe junger, unerfahrener Hunde miteinander tobt, rauft und ihre Kräfte misst – ohne echte Anleitung, ohne Korrektur und ohne Orientierung. Dabei ist das Gegenteil von dem, was dein Welpe in dieser Phase braucht, der Fall: Er lernt, dass er allein klarkommen muss. Dass er selbstständig handeln muss. Dass es niemanden gibt, der ihm hilft oder Situationen für ihn regelt. Und genau das ist nicht das Ziel. Du möchtest einen Hund, der dir vertraut. Der sich an dir orientiert. Der dich als sicheren Anker wahrnimmt, nicht als Zuschauer. Auch das Argument der „Sozialisierung" greift hier nicht. Welpen lernen nicht voneinander, was es bedeutet, sozial zu sein, denn sie wissen es ja selbst noch nicht.

Echte Sozialisierung findet nur mit erwachsenen, gut sozialisierten Hunden statt. Hunde, die bereits gelernt haben, wie man kommuniziert. Die geduldig, klar und souverän reagieren.

Sie übernehmen die Rolle, die bei uns Menschen von den Erwachsenen eingenommen wird. Auch Kinder lernen nicht von anderen Kindern, wie man sich verantwortungsvoll verhält – sie lernen es durch die Begleitung Erwachsener.

Und genau so ist es bei deinem Welpen. Gib ihm Zeit. Gib ihm Raum. Und begleite ihn so durch seine Prägephase, wie du dir wünschen würdest, selbst begleitet zu werden. Mit Klarheit, Schutz, Vertrauen und einem offenen Blick für alles, was er in dieser sensiblen Phase braucht.

1. Gut sozialisierte, erwachsene Hunde sind die besten Lehrer. Sie zeigen dem Welpen mit Ruhe und Souveränität, wie Kommunikation funktioniert.

2. Echte Sozialisierung braucht erfahrene Vorbilder. Kein wildes Spiel, sondern geduldige Begleitung durch Hunde, die wissen, wie man mit anderen sicher umgeht.

1

2

RUHEBEDÜRFNIS DEINES HUNDES

Hunde brauchen Bewegung, frische Luft und die Möglichkeit, ihre Umwelt zu erkunden, das ist allgemein bekannt. Was jedoch oft unterschätzt wird, ist ihr ebenso großes Bedürfnis nach Ruhe. Gerade bei Welpen ist dieses Bedürfnis enorm. Sie benötigen täglich zwischen 20 und 22 Stunden Schlaf oder Ruhephasen. Und auch erwachsene Hunde liegen mit einem Bedarf von 18 bis 20 Stunden nicht weit darunter.

Viele Menschen sind überrascht, wie ruhig der Alltag eines Welpen eigentlich ist. Der Tagesablauf besteht größtenteils aus Schlafen, Fressen, kurzen Erkundungsgängen und natürlich dem regelmäßigen Lösen. Gerade Letzteres kann in der ersten Zeit einiges an Aufmerksamkeit und Geduld erfordern (siehe S. 66). Also ganz so entspannt ist es dann doch nicht. Doch zurück zur Ruhe: Auch wenn dein Welpe scheinbar einfach nur daliegt, geschieht in seinem kleinen Körper eine ganze Menge.

1

2

1. So unscheinbar es wirkt, genau hier passiert Entwicklung. Schlaf ist aktive Verarbeitung.

2. Nach dem Fressen ist vor der Pause: Verdauen, Wachsen, Kraft tanken. Ruhe gehört genauso zum Alltag wie Nahrung.

1

2

Während der Schlafphasen verarbeitet er Eindrücke, stärkt sein Immunsystem und wächst – körperlich wie mental. **Schlaf ist also keine Pause vom Lernen, sondern ein aktiver Teil davon.**
Deshalb ist es besonders wichtig, dass du deinem Welpen genügend Gelegenheiten gibst, sich zurückzuziehen. Achte bewusst darauf, dass er nicht überreizt wird. Zu viele Eindrücke, zu viele Menschen, zu viele neue Erfahrungen in kurzer Zeit können ihn überfordern. Und überdrehte Welpen zeigen oft deutlich, wenn ihnen der Schlaf fehlt. Sie wirken dann unruhig, nervös, können sich nicht entspannen und geraten schneller in Stress.
Ein dauerhaft überforderter Welpe kann später zu einem Hund heranwachsen, der schwer zur Ruhe kommt, ständig unter Anspannung steht oder sogar stressbedingte Erkrankungen entwickelt. Denn genau wie bei uns Menschen gilt: Wer nie abschalten kann, wird krank.
Vergiss also nicht, wie wichtig es ist, deinem Hund nicht nur Bewegung, sondern auch ausreichend Erholung zu ermöglichen.

1. Neue Eindrücke? Ja, aber bitte gut dosiert.

2. Reize einteilen hilft dem Welpen, ausgeglichen zu bleiben.

AUSREICHEND SCHLAF

Besonders in der Wachstumsphase ist Schlaf – ähnlich wie bei Babys – ein zentrales Element für eine gesunde, ausgeglichene Entwicklung. Dein Welpe braucht dich in dieser Zeit nicht nur als Spielpartner und Lehrer, sondern vor allem als jemand, der für einen sicheren, ruhigen Rahmen sorgt, in dem er sich erholen darf.

Biete deinem Welpen passende Kauartikel an, um ihn beim Zahnwechsel zu unterstützen.

DER ZAHNWECHSEL

Dein Welpe bekommt insgesamt **28 Milchzähne**. Diese brechen etwa ab der dritten Lebenswoche durch. Innerhalb von acht bis zehn Wochen ist das Milchgebiss in der Regel vollständig ausgebildet. Zwischen dem vierten und sechsten Lebensmonat beginnt bei deinem Welpen der Zahnwechsel.
Das Gebiss eines erwachsenen Hundes besteht aus **42 Zähnen** – 12 Schneidezähne, 4 Eckzähne (Fangzähne), 16 Prämolaren (vordere Backenzähne) und 10 Molaren (hintere Backenzähne).
Der Zahnwechsel ist ein ganz natürlicher und wichtiger Entwicklungsschritt, aber auch einer, der mit einigen Herausforderungen einhergeht. Die Milchzähne lockern sich, neue Zähne brechen durch, und dabei kann es zu Spannungen, Druckgefühl und Schmerzen kommen.
Gerade in dieser Phase ist es wichtig, dass du besonders aufmerksam hinschaust. Bitte gib deinem Welpen in dieser Zeit keine harten Kauartikel oder sehr hartes Trockenfutter. Wenn er beim Kauen Schmerzen verspürt, kann es passieren, dass er die Nahrungsaufnahme mit Unwohlsein verknüpft. Die Folge wäre, dass er das Fressen als etwas Negatives empfindet, und diese Erfahrung kann sich langfristig einprägen.
Natürlich gilt auch hier: Jeder Hund ist anders. Es gibt Welpen, die den Zahnwechsel scheinbar mühelos überstehen. Andere hingegen zeigen deutlich, dass sie empfindlich reagieren.

Das Gebiss eines erwachsenen Hundes.

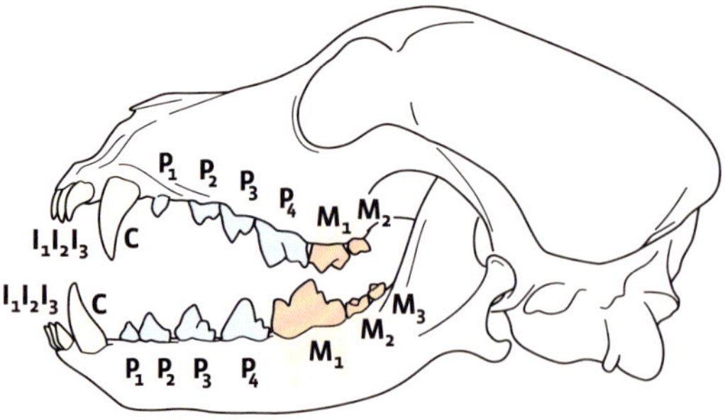

- Schneidezähne *(Incisivi)*
- Eckzähne *(Caninus)*
- Vorbackenzähne *(Prämolaren)*
- Backenzähne *(Molaren)*

Wenn nichts anderes da ist, wird's eben der Lieblingsschuh. Kauen ist ein Bedürfnis und kein Ungehorsam. Lenke es in sinnvolle Bahnen.

Das Problem: Du weißt vorher nicht, zu welcher Gruppe dein Hund gehört. Und wenn du es merkst, ist es oft schon zu spät. Deshalb gilt in dieser Phase: besser vorsichtig sein als riskieren, dass sich dauerhafte Unsicherheiten oder gar sogenannte Prägeschäden entwickeln.

Zahnen erleichtern

Um deinem Welpen das Zahnen zu erleichtern, kannst du gezielt auf geeignete Hilfsmittel zurückgreifen.

Im Fachhandel findest du weiche Kauartikel und spezielle Beißringe für Welpen. Auch ein angefeuchtetes und gefrorenes Tuch kann wohltuend wirken – die Kälte lindert den Druck und beruhigt das Zahnfleisch. Und ja, sogar alte, gut gereinigte Lederstücke oder Schuhsohlen werden gern angenommen. Sie sind weich genug, um keine Schmerzen zu verursachen, und gleichzeitig robust genug, um das Kaubedürfnis zu befriedigen.

WARUM KAUT MEIN WELPE AUF ALLEM HERUM?

Die Antwort ist ganz einfach: Welpen entdecken die Welt mit ihrer Schnauze. Sie tasten, schmecken und fühlen über ihre Zunge und Zähne. So wie kleine Kinder alles mit den Händen greifen und in den Mund stecken, nutzt dein Welpe das Maul, um seine Umgebung zu erkunden.

Kauen bedeutet also nicht nur „Zähne testen", sondern ist ein elementarer Teil der Wahrnehmung und Verarbeitung. Für deinen Welpen ist es eine Möglichkeit, seine Welt zu begreifen – im wahrsten Sinne des Wortes.

KÖRPERTEMPERATUR DES WELPEN

Vielleicht hast du dich schon einmal gefragt, warum sich ein Hundewelpe so warm anfühlt, fast so, als hätte er Fieber. Tatsächlich ist das vollkommen normal. Ein Welpe hat eine durchschnittliche Körpertemperatur von etwa **39,5 Grad**. Generell liegt die normale Körpertemperatur eines Hundes zwischen **37,5 und 39 Grad**, also etwas höher als bei uns Menschen. Du musst dir also keine Sorgen machen, wenn sich dein kleiner Vierbeiner wohlig warm anfühlt. Das gehört einfach zu seinem jungen Körper dazu.

ERNÄHRUNG

Stehst du in einem gut sortierten Tierfachgeschäft vor dem Hundefutter-Regal, wirst du merken: Die Auswahl ist riesig. Unzählige Sorten, Versprechen, Inhaltsstoffe – und mittendrin du. Die Entscheidung, womit du deinen Hund fütterst, ist nicht nur eine Alltagssache. Sie ist eine Investition in seine Gesundheit, in seine Entwicklung und damit auch in euer gemeinsames Leben. Gerade in der Wachstumsphase ist eine gute Ernährung unerlässlich. Knochen, Sehnen, Bänder, Muskulatur, alles befindet sich im Aufbau. Was dein Welpe in dieser Zeit bekommt, wirkt sich auf seine gesamte körperliche Stabilität aus. Wird zu viel Getreide gefüttert oder sind die Inhaltsstoffe minderwertig, kann das zu Entwicklungsstörungen führen. Schonhaltungen, schmerzhafte Gelenkbelastungen oder eine frühzeitige Arthrose können die Folge sein. Und genau das wollen wir vermeiden.

Trocken- und Nassfutter

Auch wenn das Angebot an Fertigfutter groß ist, schau bitte genau hin. Besonders im Nassfutter ist oft unklar, was wirklich darin steckt. Achte darauf, dass die Zusammensetzung nachvollziehbar ist und nicht aus einer langen Liste undefinierter Nebenerzeugnisse besteht. Je höher der Anteil an natürlichen, transparent deklarierten Zutaten, desto besser. Auch beim Herstellungsverfahren gibt es große Unterschiede: Wird das Futter gemeinsam vorgekocht und dann abgefüllt, müssen oft künstliche Vitamine und Aromen zugesetzt werden. Wird es dagegen direkt in der Dose schonend gegart, bleiben viele natürliche Nährstoffe erhalten.
Das gilt auch für Trockenfutter. Viele Sorten werden bei sehr hohen Temperaturen gebacken, ein Vorgang, bei dem wichtige Enzyme, Vitamine und Spurenelemente zerstört werden. Um diese Verluste auszugleichen, werden dem Futter künstliche Zusatzstoffe

1. Nassfutter sollte nachvollziehbar deklariert und schonend gegart sein, damit dein Welpe bekommt, was er wirklich braucht.

2. Nicht jedes Trockenfutter ist gleich: Achte auf schonende Verarbeitung und wenig künstliche Zusätze.

1

2

BARF klingt aufwendig, ist bei guter Planung aber eine frische, artgerechte Option. Lass dich gern beraten, wenn du dir unsicher bist.

beigefügt. Doch künstlich bedeutet nicht automatisch gut. Der Hundekörper nimmt oft zu viel davon auf, speichert sie an falschen Stellen, und Überversorgung kann langfristig genauso schädlich sein wie Mangel. Eine alternative Trockenfuttervariante ist das kaltgepresste Futter. Hier werden die Zutaten bei niedrigeren Temperaturen verarbeitet, was schonender ist und den natürlichen Gehalt an Vitalstoffen besser erhält. Dennoch solltest du auch hier auf mögliche Zusätze achten, nicht jede Verpackung hält, was sie verspricht.

BARF – Biologisch Artgerechte Rohfütterung

Was zunächst aufwendig klingt, ist bei richtiger Planung gut umzusetzen. BARF bedeutet, dass dein Hund mit rohen, naturbelassenen Lebensmitteln ernährt wird: Fleisch, Knochen, Fisch, Eier, Gemüse. Alles frisch, alles unverarbeitet. Ja, es gibt kritische Stimmen, die vor Mängeln oder Risiken warnen. Doch wie bei allem im Leben gilt: Wer sich informiert, vorbereitet und begleitet wird, kann diese Form der Ernährung sicher umsetzen. Wichtig ist, dass du weißt, was du tust. Und wenn du unsicher bist, hol dir Unterstützung – es lohnt sich.

Letztlich gilt: **Ernährung ist individuell.** Was für den einen Hund passt, funktioniert für den anderen vielleicht nicht. Du darfst deinen eigenen Weg finden, ob mit hochwertigem Dosenfutter, kaltgepresstem Trockenfutter oder der BARF-Methode. Wichtig ist, dass du informiert bist, bewusst entscheidest und immer im Blick hast, wie es deinem Hund damit geht.

KNOCHEN

Knochen dürfen keinesfalls gekocht werden, da sie im gegarten Zustand splittern können. Roh hingegen sind sie für viele Hunde eine wertvolle Kalziumquelle. Wichtig ist, sie immer unter Aufsicht zu füttern, die passende Größe und Konsistenz auszuwählen und bei Bedarf auf Alternativen wie Eierschalenpulver zurückzugreifen. Denn der Kalzium-Phosphor-Haushalt spielt gerade im Wachstum eine große Rolle.

1

Tipp

Dein Welpe braucht keine Action, sondern Verbindung. Ruhiges, kooperatives Spiel stärkt eure Beziehung, hilft bei der Beißhemmung und legt die Basis für einen achtsamen, ansprechbaren Hund.

DAS BALLSPIELEN

Die klassische Beschäftigungsart mit Hunden ist Ballspielen, auch gerade für die Kinder. Doch Vorsicht: Monotones Ballwerfen schadet nicht nur den Gelenken, du förderst u. U. auch gezielt das Jagdverhalten. Oft zeigen Hunde dieses Verhalten erst ab dem achten Lebensmonat und sind vorher wenig an davonrennender „Beute" interessiert – natürlich gibt es Ausnahmen.
Also fördere bitte nicht ein Verhalten, das du später nicht mehr unterbrechen kannst. Denn schnell ist es nicht mehr nur der Ball, sondern alles, was sich bewegt: zuerst Vögel, Fahrradfahrer, Jogger und schließlich das Wild. Dein Hund ist dann nicht mehr ansprechbar und sucht sich seine eigene Beschäftigung – die mit dem Kick! Denn bei schnellen Bewegungsabläufen wird das Hormon Dopamin im Gehirn gebildet, das auch als Suchthormon bezeichnet wird. Du erkennst das auch an den großen Pupillen, die dein Hund bekommt, und daran, dass er von sich aus nicht mehr aufhören kann.

RAUF- UND ZERRSPIELE

Vielleicht hast du nach dem Ballspiel gedacht: *„Na gut, dann vielleicht Zerrspiele?"* Leider muss ich auch hier ein klares Nein aussprechen – zumindest, wenn dein Ziel ein vertrauensvolles, klares Miteinander ist.
Rauf- und Zerrspiele sind für deinen Hund keine harmlosen Spielereien. Aus seiner Sicht geht es dabei ums Kräftemessen, um die Frage: Wer ist stärker? Wer setzt sich durch? Wer gewinnt? Genau das aber möchtest du als Halterin oder Halter gar nicht erst auf den Tisch bringen. Denn wenn du deinem Hund zeigst, dass ihr „gleichwertige Gegner" seid, verwischst du eine Grenze, die für ihn wichtig ist. Er braucht dich als ruhige, klare,

2

3

übergeordnete Bezugsperson, nicht als Kontrahenten auf Augenhöhe. Oft passiert bei diesen Spielen genau das: Der Hund steigert sich hinein, reißt am Seil, hält dagegen, will nicht verlieren. Es entsteht eine körperliche Spannung, die leicht in Frustration, Übererregung oder sogar Aggression kippen kann. Also lass es erst gar nicht soweit kommen. Auf den nächsten Seiten mache ich dir ein paar Vorschläge für Spiele drinnen und draußen.

BEISSHEMMUNG LIEBEVOLL FÖRDERN – MIT SPIEL

Gerade im Spiel hat dein Welpe viele Gelegenheiten zu lernen, wie er mit seinem Maul umgehen darf, und was tabu ist. Dein Welpe testet seine Welt mit dem Fang: das ist für ihn so normal wie für uns das Greifen mit den Händen. Deshalb ist es ganz wichtig, dass du ihm in der Interaktion mit dir freundlich und geduldig zeigst, wo seine Grenzen liegen, wenn er mit uns und unserer dünneren Haut agiert. Viele Welpen beginnen beim Spiel in Hände, Kleidung oder Füße zu zwicken. Bitte gewöhne deinem Welpen das nicht an, auch nicht aus Versehen. Halte keine Hände direkt vor das Maul deines Welpen und spiele nicht mit deinen Fingern wie mit einem Spielzeug. So würde er lernen: *„In Hände beißen ist normal“*.
Stattdessen gilt: Wenn dein Welpe dich zu fest berührt oder in Kleidung oder Haut schnappt, unterbrich das Spiel ruhig und klar. Zieh deine Hand weg, sag unaufgeregt „Aua“/„Stopp“ und bleib innerlich ruhig. Du brauchst deinen Welpen nicht schimpfen, es reicht, wenn du ihm die Grenze deutlich machst. Anschließend kannst du ihm z. B. ein geeignetes Kauspielzeug anbieten oder das Spiel fortsetzen, wenn er wieder ruhig ist. So lernt dein Welpe: **Spiel ja – Beißen nein.**

1. Dreht sich dein Welpe auf den Rücken und zeigt seinen Bauch, ist das ein Zeichen von Vertrauen.

2. Im Spiel lernt dein Welpe, wie er mit seinem Maul umgeht. Sanftes Grenzensetzen und klare Signale helfen ihm dabei.

3. Beschnuppert dich dein Welpe, sammelt er wichtige Informationen. Für Hunde ist das ein natürlicher Weg, die Welt und dich zu entdecken.

Spielen mit deinem Welpen

– *gemeinsam, bewusst und beziehungsfördernd*

WARUM SPIELEN VIEL MEHR IST ALS BESCHÄFTIGUNG

Spielen gehört zu den schönsten Dingen, die du mit deinem Welpen erleben kannst. Es stärkt eure Beziehung, schafft Vertrauen und bietet eine wunderbare Möglichkeit, auf Augenhöhe miteinander in Kontakt zu kommen. Doch auch beim Spielen gilt: nicht alles, was Spaß macht, ist automatisch sinnvoll für die Entwicklung deines Hundes. Oft hört man Empfehlungen wie: *„Zerrspiele fördern die Bindung“* oder *„Ballspiele machen den Hund müde“*. Doch gerade bei sehr jungen Hunden kann es genau das Gegenteilige bewirken. Reizintensive Spiele wie wildes Zerren, Jagen oder Bälle werfen lösen starke Erregung aus und fördern damit oft unerwünschtes Verhalten wie Übersprunghandlungen, Frust oder überdrehtes Beißen. **Diese Art von Spiel ist für Welpen noch nicht geeignet. Sie lernen dabei nichts über Impulskontrolle oder Kooperation, sondern vor allem: wild sein lohnt sich.** Das kann langfristig zu Problemen führen, gerade bei sehr temperamentvollen oder unsicheren Hunden.

BESSER: GEMEINSAMES, KOOPERATIVES SPIEL

Viel hilfreicher als hektische Reizspiele ist es, wenn du selbst der Mittelpunkt des Spiels wirst – mit deiner Stimme, deiner Körpersprache, deiner Präsenz. Das bedeutet: dein Welpe orientiert sich an dir, statt sich auf Bälle oder Reize „da draußen“ zu fixieren. Du wirst zum spannendsten Teil seiner kleinen Welt und genau so wächst Bindung. Das kann ganz einfach und spielerisch im Alltag geschehen.

SPIELIDEEN FÜR DRINNEN & DRAUSSEN

Kreativ, ruhig und bindungsfördernd, statt laut und wild

Welpen spielen anders, als wir es oft erwarten. Sie brauchen keine Dauerbespaßung, kein nervöses Rennen und keine spektakulären Wurfspiele. Viel wertvoller ist ein Alltag, in dem sie spielerisch lernen dürfen, und zwar in kleinen, liebevollen Momenten, die ihr gemeinsam gestaltet.

Im Folgenden findest du ein paar Spielanregungen, die dich inspirieren können, ohne zu überdrehen, ohne Leistungsdruck, ganz alltagstauglich und vielseitig.

DRINNEN – FÜR LEISE, ACHTSAME MOMENTE

1. Körpersprache entdecken
Bewege dich ganz bewusst langsam, setze dich auf den Boden, drehe dich einmal von deinem Welpen weg, dann wieder zu ihm hin. Wie reagiert er darauf?

→ Ideal, um spielerisch eure nonverbale Kommunikation zu stärken.

2. Alltagsspielzeug erkunden
Ein umgedrehter Wäschekorb, ein gerolltes Handtuch, ein leerer Joghurtbecher – aus Alltagsgegenständen lassen sich kleine „Abenteuerflächen" gestalten.

→ Fördert die Umweltneugier und das Körpergefühl.

3. Ritualspiel mit dem Futterbeutel
Wenn dein Welpe bereits weiß, dass in einem kleinen Futterbeutel Leckerlis stecken, kannst du diesen zu einem ganz besonderen Spielzeug machen.
Aber: Es wird nie wild, ihr tauscht ihn in Ruhe gegen Futter ein.

→ Fördert Beißhemmung, Frustrationstoleranz und Selbstbeherrschung.

DRAUSSEN - GEMEINSAM ENTDECKEN STATT EINFACH RENNEN

1. Wiesen- und Waldexpeditionen

Statt festem Spazierweg: Lass deinen Welpen in sicherer Umgebung selbst einen kleinen Weg wählen, folge ihm langsam, ohne ihn zu drängen.

→ Stärkt sein Selbstvertrauen, du bleibst aber als ruhiger Anker präsent.

2. Grashalme, Zapfen & Co.

Zeige deinem Welpen bewusst kleine Fundstücke: Ein Tannenzapfen, ein Blatt, ein Grashalm. Halte sie ruhig in der Hand, biete sie an.

→ Sinneserfahrung, langsames Erkunden und gemeinsame Neugier

3. Still beobachten

Setz dich mal mit ihm an einen Wegesrand. Hört ihr die Vögel? Sieht er, wie sich das Gras bewegt? Das ist auch Spiel – für Kopf und Sinne.

→ Fördert Ruhe, Achtsamkeit und Umweltkompetenz

UND FÜR EIN WENIG MEHR BEWEGUNG:

4. Richtungswechsel & Überraschung

Laufe eine lockere Strecke mit deinem Welpen und wechsle spielerisch die Richtung. Bleib stehen, geh in die Hocke, lauf ein Stück zurück.

→ Fördert: Aufmerksamkeit, Rückorientierung, Teamgefühl

5. Mini-Parcour

Nutze natürliche Gegebenheiten wie Baumstämme, Steine oder kleine Hänge, über die ihr gemeinsam balancieren oder laufen könnt.

→ Fördert: Mut, Vertrauen, Körpergefühl und Koordination

NÄHE DURCH SPIEL

Spiel bedeutet nicht immer Action, manchmal ist Spiel auch ein stiller Moment!

Viele Welpenhalter denken bei „Spielideen" automatisch an Bewegung, Springen oder Toben. Doch gerade in den ersten Lebensmonaten ist das nicht das Ziel. Viel wichtiger ist es, dass dein Welpe in Kontakt mit dir bleibt – in jeder Lage.

Deshalb:
Nutze das Spiel, um euch besser kennenzulernen.
Wechsle zwischen Aktion und Innehalten.
Mach dich zur Konstante, nicht das Spielzeug.
Und denke immer daran: Langsames Spiel ist genauso wertvoll wie das schnelle.

FAZIT: SPIEL ALS BEZIEHUNGSARBEIT

Spielen mit deinem Welpen ist keine Pflichtübung und kein Zeitvertreib, es ist eure gemeinsame Sprache. Es lohnt sich, ruhig, achtsam und mit viel Gefühl für deinen Hund ins Spiel zu gehen. Denn darin steckt nicht nur Freude, sondern auch die Chance, deinen Welpen in seiner Entwicklung liebevoll zu begleiten.

Und keine Sorge: Es geht nicht darum, „alles richtig" zu machen. Es geht darum, bewusst zu spielen, Grenzen klar zu halten und euren eigenen Weg zu finden. Dann wird aus einem kleinen Spiel ein großer Schritt in Richtung Vertrauen.

ERZIEHUNG UND TRAINING

DU BIST DIE WICHTIGSTE PERSON IM LEBEN DEINES WELPEN!

Verbindung entsteht nicht durch Kommandos, sondern durch Nähe, Ruhe und Vertrauen. Dieser Moment zeigt, worauf es wirklich ankommt: auf dich als sichere, liebevolle Bezugsperson.

Der perfekte Start mit deinem Welpen

Die ersten Wochen mit einem Welpen sind intensiv. Es wird Momente geben, in denen du zweifelst, in denen du müde bist oder unsicher. Das ist völlig normal. Wichtig ist nur, dass du dich nicht aus dem Gleichgewicht bringen lässt.

»Dein Hund braucht keinen perfekten Menschen, aber er braucht einen verlässlichen.«

Ein guter Start in eure gemeinsame Zeit ist mehr als nur „die ersten Tage überstehen". Es ist das Fundament für alles, was danach kommt. Beginnt ihr ruhig, klar und mit gegenseitigem Respekt, wirkt sich das nachhaltig auf eure Beziehung aus. Wie ein roter Faden zieht sich diese Basis durch euren Alltag – heute, morgen und viele Jahre lang.

Hunde lernen anders als wir. Sie beobachten, sie fühlen, sie spüren. Sie lernen durch Wiederholung, durch klare Grenzen, durch liebevolle Konsequenz, aber vor allem durch die Qualität der Beziehung zu ihrem Menschen. Dein Welpe orientiert sich an dir. An deiner Energie, deinem Verhalten, deinem Rhythmus. Je mehr Klarheit und Sicherheit du ausstrahlst, desto mehr wird er dir vertrauen.

ANKUNFT IM NEUEN ZUHAUSE

Die erste gemeinsame Autofahrt liegt hinter euch (siehe mehr zu Autofahren, S. 58 ff.).

Dein Welpe ist nun in seinem neuen Zuhause angekommen, eine völlig neue Welt voller ungewohnter Eindrücke. Er sieht, riecht und spürt Dinge, die er bisher nicht kannte. All das kann ihn überfordern. Deshalb ist es umso wichtiger, dass du ihm eine Orientierung bietest.

Führe deinen Welpen an der Leine durch euer Zuhause. Raum für Raum. Lass ihn alles in Ruhe erkunden, aber begleite ihn dabei bewusst. Ohne Leine kann es passieren, dass er vor lauter Aufregung durch die Gegend stürmt, ohne wirklich wahrzunehmen, wo er sich befindet. Mit dir an seiner Seite – ruhig, gelassen, präsent – vermittelst du ihm das, was er jetzt am meisten braucht: Sicherheit.

Autofahren mit dem Welpen

— sanft und sicher starten

Das erste Mal Autofahren ist für viele Welpen aufregend, manchmal auch beängstigend. Neue Geräusche, Bewegungen, Gerüche – und das ganz ohne Kontrolle. Umso wichtiger ist es, dass du ihm dieses Erlebnis so angenehm wie möglich gestaltest. Denn ein sicherer Start ins Autofahren kann darüber entscheiden, ob dein Welpe später entspannt mitfährt, oder voller Stress.

NÄHE STATT ISOLATION: DER RICHTIGE PLATZ ZU BEGINN

Für die ersten Fahrten empfiehlt es sich, deinen Welpen nicht gleich allein in einer Box im Kofferraum unterzubringen. Auch wenn das langfristig eine Möglichkeit sein kann, ist für die ersten Male Nähe entscheidend.
Besser ist es, wenn du ihn (natürlich gesichert) im Fußraum des Beifahrersitzes mitnimmst oder in einer kleinen Transportbox auf der Rückbank, nah bei dir. Deine Stimme, dein Geruch und deine ruhige Ausstrahlung geben ihm Sicherheit.

SANFTES GEWÖHNEN SCHRITT FÜR SCHRITT

Ein Welpe muss nicht sofort auf große Tour gehen. Beginnt stattdessen langsam!

1. Einfach nur einsteigen: Lass ihn das Auto erstmal ohne Druck erkunden. Du setzt dich dazu, ihr bleibt einfach kurz dort.
2. Motor an, aber nicht losfahren: Gewöhne ihn an das Vibrieren und Geräusch. Belohne ruhiges Verhalten mit sanfter Stimme.
3. Kurze Fahrten ohne Ziel: Eine kleine Runde ums Wohngebiet reicht für den Anfang. Lieber fünf Minuten ganz entspannt als fünfzig Minuten mit Stress.

BLEIB SELBST RUHIG UND SPRICH MIT IHM

Wie bei allen neuen Erfahrungen, spiegelt dein Welpe deine Stimmung. Deine Gelassenheit ist seine Orientierung. Rede ruhig mit ihm, aber vermeide hektisches Trösten oder ständiges Zureden. Denn das kann die Unsicherheit sogar noch verstärken.

SICHERHEIT GEHT VOR

Natürlich gilt: Auch bei kleinen Fahrten sollte dein Welpe immer gesichert sein, z. B. in einer Box, mit Sicherheitsgurt und Hundegeschirr oder in einem speziell gesicherten Fußraum. Achte auf Temperatur, Sonneneinstrahlung und vermeide, deinen Welpen allein im Auto zu lassen.

DIE BOX ALS SICHERER RÜCKZUGSORT

Für viele Hunde kann eine gut vorbereitete Transportbox im Auto ein echter Segen sein. Sie schützt nicht nur im Falle eines Unfalls, sondern schafft auch einen kleinen, überschaubaren Raum, in dem sich dein Welpe sicher fühlen kann.
Voraussetzung ist, dass dein Welpe die Box positiv kennengelernt hat. Also nicht erst im Auto, sondern vorher zu Hause. Baue die Box dort auf, lege eine weiche Decke hinein, lass sie offen stehen und wirf immer mal ein paar Leckerlis hinein. So kann dein Welpe sie freiwillig erkunden. Wird sie zu einem vertrauten Ort, wird er sie im Auto leichter akzeptieren.

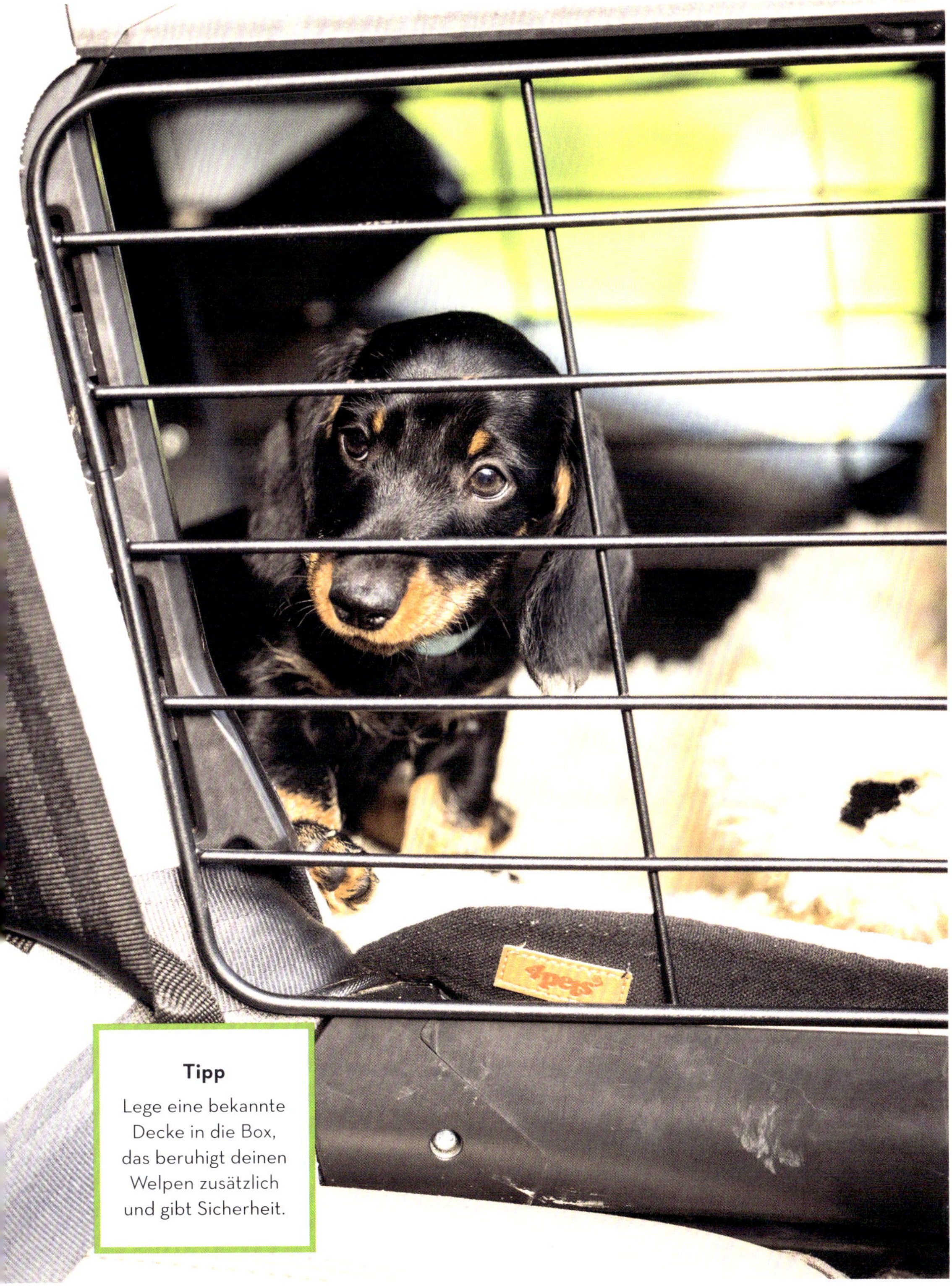

Tipp

Lege eine bekannte Decke in die Box, das beruhigt deinen Welpen zusätzlich und gibt Sicherheit.

Allein im Auto

— mit Vertrauen und Geduld

Auch das kurze Alleinbleiben im Auto will gelernt sein, und sollte nicht plötzlich oder nebenbei eingeführt werden. Dein Welpe ist noch ein Baby und braucht deine Nähe. Umso wichtiger ist es, auch diese Situation langsam und positiv aufzubauen.
Beginne damit, gemeinsam ins Auto zu gehen, ohne dass ihr gleich losfahrt. Lass deinen Welpen im geöffneten Auto entspannen – mit dir in der Nähe. Danach übst du kurze Sequenzen, in denen du dich nur kurz entfernst, vielleicht nur ein paar Schritte ums Auto herum. Verlängere die Abstände ganz behutsam immer nur so weit, wie dein Welpe es ruhig mitträgt. Lass ihn nie weinend oder bellend zurück. Das Ziel ist, dass er in deinem Auto zur Ruhe finden kann – als wäre es ein sicherer kleiner Rückzugsort, nicht ein Ort der Unsicherheit.

Wichtig

Gehe nicht sofort außer Sichtweite, sondern gib deinem Hund die Chance zu verstehen: *„Ich komme wieder, du bist sicher."*

REISEÜBELKEIT – WAS TUN?

Manche Welpen reagieren auf das Autofahren mit Übelkeit, Sabbern oder sogar Erbrechen. Das kann viele Ursachen haben: die neue Bewegung, Unsicherheit, Stress oder eine noch unreife Gleichgewichtsregulation im Innenohr. Was du tun kannst:

- Lass deinen Welpen vor der Fahrt nicht zu viel fressen.
- Fahre ruhig gleichmäßig und nicht zu schnell. Vermeide abrupte Bewegungen.
- Lüfte gut durch. Frische Luft hilft bei Übelkeit – offene Fenster (einen Spalt) oder Klimaanlage (nicht zu kalt!) können unterstützend wirken.
- Sprich beruhigend und sei präsent. Deine Nähe gibt Sicherheit.
- Gib ihm die Möglichkeit, vorher und nachher zu ruhen.

Die meisten Welpen wachsen aus der Reiseübelkeit heraus, wenn man sie nicht mit Druck oder überfordernden Erlebnissen verknüpft.
Falls die Beschwerden sehr stark sind, kannst du in deiner Tierarztpraxis um Rat fragen – es gibt pflanzliche und medikamentöse Unterstützung, wenn nötig.

Fazit: Autofahren will gelernt sein, und das beginnt nicht erst mit der ersten langen Fahrt, sondern schon bei der allerersten Begegnung mit dem Auto. Nimm dir Zeit, deinem Welpen diesen neuen Raum in Ruhe zu zeigen. Übt gemeinsam, steig ein, steig wieder aus, warte gemeinsam, gib ihm Leckerlis auf der Decke oder in seiner Box. So entsteht Sicherheit.
Bleib selbst ruhig, gelassen und präsent, denn dein Hund orientiert sich an dir. Zeigt er Stresssymptome (S. 89), nimm sie ernst – nicht mit Sorge, sondern mit Einfühlungsvermögen. Passe den Trainingsrahmen an, fahre kürzer, halte öfter an, mach das Auto zum vertrauten Ort.
Und vor allem: Überfordere ihn nicht. Auch wenn du vielleicht schon „müssen" denkst, dein Hund lernt nur dann nachhaltig und positiv, wenn er das Tempo mitbestimmen darf.
Autofahren ist eine Fähigkeit, die dein Welpe erst lernen muss – mit Geduld, Nähe und Ruhe. Du legst mit der ersten Fahrt den Grundstein dafür, wie er das Auto in Zukunft erlebt: als Ort von Stress oder als sicheren, bekannten Raum, in dem du bei ihm bist.

1. Ganz entspannt auf der Rückbank
Kennt dein Welpe die Box als sicheren Ort, kann er selbst Autofahrten gelassen meistern. Zu Beginn bist du noch in seiner Nähe.

2. Allein im Auto?
Das schafft dein Welpe nur mit deiner Geduld, Nähe und einer positiven Gewöhnung. So entsteht Vertrauen – Schritt für Schritt.

3. Entspannter Schlaf unterwegs
Das gelingt, weil du ihn ganz langsam an das Autofahren heranführst. Sicherheit beginnt mit dir.

VORSICHT VOR SONNENEINSTRAHLUNG!

Gerade bei warmen Temperaturen darf ein Hund niemals allein im Auto gelassen werden. Auch wenige Minuten können lebensgefährlich sein. Übe also nur bei geeigneter Witterung – mit offener Klappe oder gut durchlüftetem Innenraum – und bleibe immer in der Nähe.

1

REGELN GELTEN VON ANFANG AN

Auch wenn dein Welpe noch klein ist, vielleicht sogar noch sehr tapsig und schutzbedürftig wirkt, solltest du von Anfang an klare Regeln einführen. Hunde brauchen Orientierung. Und gerade junge Hunde profitieren davon, wenn sie von Beginn an wissen, was gilt und was nicht. Die Vorstellung, dass ein Welpe erst einmal „ankommen" darf, bevor man mit der Erziehung beginnt, klingt im ersten Moment vielleicht verständlich, doch sie ist in Wahrheit ein Trugschluss. In der Natur gibt es keine Schonzeit. Ein Rudel funktioniert durch klare Strukturen und durch konsequentes, souveränes Verhalten der Leittiere. Auch dein Welpe orientiert sich daran – ob bewusst oder unbewusst.

Lässt du ihm in den ersten Tagen viel durchgehen, kann es später zu Unsicherheiten kommen. Denn wenn du dann plötzlich Regeln einführst, die vorher nicht galten, wird er sie infrage stellen. Und mit ihnen auch dich. Achte auch darauf, dass alle in der Familie auf die Einhaltung der Regeln achten. Mit Kindern kann das eine Herausforderung werden. Aber gilt bei euch die Regel, dass es nichts vom Tisch zu essen gibt, dann gibt es auch nicht den kleinsten Happen. Genauso verhält es sich mit dem Sofa. Sind Plätze oder auch Räume (z. B. die Küche) für den Hund tabu, gilt das vom ersten Tag an. Mach dir dazu bereits vor dem Einzug deines Welpen eine Liste und besprich diese mit allen beteiligten Personen, die in deinem Haushalt leben.

Wichtig

Viele Situationen lassen sich besser lösen, wenn du verstehst, warum dein Hund etwas tut. Geduld und Beobachtung sind der Schlüssel zu echtem Verständnis.

2

1. Sanfte Begrüßung im Grünen: ein Moment voller Nähe und Orientierung, und der Beginn einer Beziehung ganz ohne Druck.

2. Ein Welpe, der sich anlehnt und schaut: Durch deine ruhige Präsenz lernt er, dass er nicht allein durch diese große Welt muss.

BEZUGSPERSON FÜR DEINEN WELPEN

Die Welt, in der sich dein Welpe nun neu orientieren muss, ist für ihn unheimlich groß und fremd. Er benötigt Zeit, Geduld und Sicherheit. Diese Sicherheit ist essenziell für eine gute Entwicklung deines Schützlings.
Selbstverständlich ist es normal, dass sich auch mal andere Personen mit deinem Welpen beschäftigen, sich um ihn kümmern und z. B. mit ihm Gassi gehen. Um die wichtigen Dinge, die z. B. das Welpen-Training beinhalten, solltest aber du dich selbst kümmern.
Du musst dir immer wieder vor Augen halten, dass der Welpe neu in deine bekannte Umgebung gekommen ist, sich an dich gewöhnen muss und ihr tagtäglich damit beschäftigt seid, einen gemeinsamen Weg zu erarbeiten.
Um deinem Tier eine klare Linie zu bieten und ihm nicht auch noch aufzubürden, sich stets an neue Bezugspersonen zu gewöhnen, solltest du dafür sorgen, dass er sich nicht immer wieder neu orientieren muss, sondern du an seiner Seite bist. So hilfst du ihm, Vertrauen in dich zu fassen.

ZEIGE DEINEM WELPEN SEINEN PLATZ

Sobald sich dein Welpe einen ersten Eindruck von der neuen Umgebung verschaffen konnte, ist es Zeit, ihm einen festen Platz zu zeigen. Ein Ort, der ihm Schutz gibt und Rückzug ermöglicht. Wähle diesen Platz bewusst – nicht mitten im Trubel, nicht an einem Ort, von dem aus er alles überwachen kann. Ein ruhiger, geschützter Bereich hilft ihm, zur Ruhe zu kommen. Natürlich sollte sich dieser Platz dort befinden, wo du dich bzw. deine Familie sich tagsüber aufhält.
Bereite diesen Platz schon vor dem Einzug deines Welpen vor. Ein vertrauter Duft, eine Decke, vielleicht ein Kuscheltier, kleine Details können helfen. Überlasse es deinem Welpen nicht selbst, sich einen Ort zu suchen. Viele Hunde neigen sonst dazu, sich zu verstecken, und genau das möchten wir zu Beginn vermeiden. Es geht darum, dass er bei dir ankommt, nicht, dass er sich entzieht.
Auch praktisch darf es gedacht sein: Stell Futter- und Wassernapf am besten in der Nähe des Liegeplatzes auf. In der Anfangszeit ist dein Welpe schnell müde, und es hilft, wenn die Wege kurz sind. Gerade in den ersten Wochen, in denen dein Hund viel Ruhe am Tag braucht, ist es wichtig, ihm alles so leicht und angenehm wie möglich zu machen.
Und keine Sorge, wenn der erste Liegeplatz später ersetzt werden muss. Welpen sind verspielt – sie knabbern, sie erkunden, sie machen auch mal daneben. Das gehört dazu. Mit Geduld, Wiederholung und einem ruhigen Rahmen wird er lernen, was dieser Platz bedeutet: Sicherheit, Entspannung, Geborgenheit. Das sogenannte Deckentraining kann dir und deinem Welpen dabei eine wunderbare Unterstützung sein (siehe S. 96 ff.).

NICHT HINTERHERLAUFEN LASSEN

Dein Welpe hat ein natürliches Bedürfnis, in deiner Nähe zu sein. Das ist nicht nur verständlich, sondern auch völlig normal. Du bist seine neue Bezugsperson, seine Sicherheit, sein Anker in einer ihm fremden Welt. Und wahrscheinlich geht es dir ganz genauso, du möchtest deinen kleinen Begleiter am liebsten ständig um dich haben.
Trotzdem ist es wichtig, dass dein Welpe von Anfang an lernt, nicht permanent hinter dir herzulaufen. Denn genau das würde sich schnell zu einem festen Muster entwickeln – und aus Nähe wird Kontrolle. Dein Hund beobachtet dich dann nicht mehr nur aus Interesse, sondern weil er denkt, dass er verantwortlich ist. Und das ist nicht seine Aufgabe. Gleichzeitig fällt es ihm so schwerer, zur Ruhe zu kommen. Er bleibt in einer inneren Anspannung, immer bereit, dir zu folgen, nie ganz abschaltend. Doch gerade in der Welpenzeit braucht er diese ausgedehnten Ruhephasen, um gesund wachsen und sich entwickeln zu können.

Lass deinen Welpen nicht überall hinterherlaufen. In seinem Korb wird er die nötige Ruhe finden.

Nähe und Distanz – beides ist wichtig

Hilfreich ist es, Zeiten für Nähe und Zuwendung einzuplanen. Zeiten, in denen es wirklich um euch beide geht. Um Kennenlernen, um Kuscheln, um Bindung. Diese Momente dürfen intensiv sein – voller Wärme, Vertrauen und Körperkontakt. Und dann darf es auch wieder ruhiger werden. Du machst dein Ding, dein Welpe macht seins.
So lernt er, dass Nähe nicht verloren geht, wenn du kurz den Raum verlässt. Und du stärkst ganz nebenbei eure Verbindung, weil sie nicht aus ständiger Verfügbarkeit besteht, sondern aus echter Verlässlichkeit. Ich bin sicher: Wenn du dir diesen Raum nimmst – für euch beide – entsteht eine Verbindung, die tief, ehrlich und tragfähig ist.

WO SCHLÄFT DEIN WELPE NACHTS?

Ist dein Welpe neu bei dir eingezogen, ist es für ihn und sein Bedürfnis nach enormer Sicherheit in seinem so jungen und vor allem neuen und aufregenden Leben sehr wichtig, dass er bei dir im Schlafzimmer neben deinem Bett schlafen darf. Dein Schützling wird sich in der Nacht öfter bemerkbar machen, sodass du durch die Nähe zueinander die Möglichkeit hast, schnell auf ihn zu reagieren. Das hilft ihm, Vertrauen in dich als Bezugsperson zu fassen. Dein Welpe ist sehr jung, wenn er zu dir kommt und wird in sämtlichen Situationen deine Nähe und die damit verbundene Sicherheit suchen. Es ist wichtig, dass er die Chance bekommt, sich in Geborgenheit, mit viel Liebe und Verständnis an seine neue Lebenssituation, sein neues Zuhause und seine neue Familie zu gewöhnen.

Welchen Schlafplatz dein Hund langfristig haben soll, wenn er ausgewachsen und eine gefestigte Persönlichkeit ist, die sich in seinem Zuhause auskennt wie kein zweiter, ist selbstverständlich deine eigene Entscheidung. Bitte schau, nachdem du deinem Welpen genug Zeit zur Eingewöhnung gegeben hast und er nachts stubenrein ist, wirklich nach den individuellen Bedürfnissen aller bei euch zuhause Lebenden. Es ist wichtig, dass jeder die Möglichkeit hat, in der Nacht seine Kräfte zu sammeln. Die Entscheidung, wo dein Hund schlafen wird, liegt bei euch, und nur bei euch.

Ein Körbchen direkt an deinem Bett gibt deinem Hund die Sicherheit, die er in den ersten Nächten braucht.

Stubenreinheit ist kein Wettlauf, sondern ein Lernweg, den dein Welpe mit deiner Geduld und Nähe sicher meistern darf.

Dein Welpe ist noch klein und die Welt für ihn voller neuer Eindrücke. Die Stubenreinheit ist nur ein weiterer Schritt auf dem Weg, den ihr gemeinsam geht – mit Vertrauen und Geduld.

STUBENREINHEIT – SCHRITT FÜR SCHRITT ZUM ERFOLG

Es gehört zu den ersten großen Herausforderungen im neuen gemeinsamen Alltag: die Stubenreinheit. Und so sehr du dir vielleicht wünschst, dass es schnell klappt – bitte sei dir bewusst, dass dein Welpe Zeit braucht, um diesen wichtigen Entwicklungsschritt zu meistern. Er muss erst lernen, was von ihm erwartet wird, und genau dabei braucht er deine liebevolle Unterstützung und Geduld.
Wenn einmal etwas daneben geht, dann nicht aus Trotz oder Unachtsamkeit. Dein Welpe ist noch ganz am Anfang seiner Reise. Zeig ihm in diesen Momenten, dass du an seiner Seite bleibst – ohne Vorwürfe oder gar Strafen. Denn Vertrauen ist die Grundlage dafür, dass er lernen kann.

Einfache Grundregeln

– Gehe mit deinem Welpen immer direkt nach dem Fressen, Trinken oder Schlafen nach draußen.
– Wähle ein Wiesenstück in der Nähe, auf dem er sich lösen kann.
– Sichere ihn durch ein Geschirr und eine Leine, auch im eigenen eingezäunten Garten. Dann konzentriert er sich aufs Pippimachen und wird nicht durch anderes abgelenkt.
– Plane diese kurzen Gänge ganz bewusst ein. Sie sind mehr als nur ein Toilettengang, sie sind kleine Übungseinheiten für euer Zusammenleben.
– Wenn sich dein Welpe draußen löst, dann feiere diesen Moment. Ein freundliches Wort, ein Streicheln oder ein besonderes Leckerli zeigen ihm, dass er etwas richtig gemacht hat. Auf diese Weise lernt er, dass es sich lohnt, sich draußen zu erleichtern. Du kannst das Lösen auch mit einem bestimmten Wort verknüpfen und es später beim erwachsenen Hund auch einmal einfordern, z. B. vor einer langen Autofahrt.
– Kommt es doch einmal zu einem kleinen Missgeschick in der Wohnung, dann atme kurz durch. Reinige die Stelle gründlich, aber bleib in deiner Haltung ruhig und zugewandt. Dein Welpe wird sich mit der Zeit immer besser orientieren können und dein liebevoller Umgang mit diesen kleinen Hoppalas wird ihm helfen, sich sicher und geborgen zu fühlen.

1. Der Garten als Entdeckerzone: Mit dir wird er zum sicheren Ort für erste Abenteuer.

2. Bleib bei deinem Welpen! So lernt er, dass du aufpasst und nicht er.

3. Ein Welpe braucht Begleitung, keine Kontrolle. Sei einfach dabei, wenn er seine kleine Welt entdeckt.

DEIN WELPE IN EUREM GARTEN

Gehörst du zu den Menschen, die das Glück haben, einen eigenen Garten zu besitzen, sei es direkt an der Wohnung, am Haus oder vielleicht auch ein liebevoll gepflegter Schrebergarten, ist das für deinen Welpen ein wunderbarer Ort zum Erkunden. Es gibt so viel zu entdecken: neue Gerüche, spannende Geräusche, frische Luft. Aber so schön dieser Ort auch ist, bitte lass deinen Welpen dort nicht allein. Gerade zu Beginn ist es wichtig, dass ihr gemeinsam unterwegs seid. Du gibst ihm Sicherheit, Orientierung und begleitest ihn durch diese neue Welt. Bist du nicht bei ihm, wird er versuchen, allein Verantwortung zu übernehmen. Viele Hunde beginnen dann, den Garten zu „bewachen". Sie bellen alles an, was sich nähert, oder gehen sogar in die Verteidigung. Damit sich dieses Verhalten gar nicht erst festigt, ist es wichtig, dass du gerade in den ersten Wochen immer mit ihm draußen bist. So kann er lernen, dass du die Situationen regelst, und er sich entspannen darf.

1

2

3

1. Am besten lernt dein Welpe von Anfang an, auf seinem Platz zu bleiben, wenn es klingelt.

2. Besucher zu begrüßen, gehört nicht in seinen Aufgabenbereich. Dein Welpe darf einfach ruhig beobachten.

DIE TÜRKLINGEL

Es wird sicher nicht lange dauern, bis die ersten Besucher vor eurer Tür stehen – Nachbarn, Freunde, der Paketbote oder der Lieferservice. Wenn du nicht möchtest, dass dein Hund künftig bei jedem Klingeln aufspringt und zur Tür rennt, lohnt es sich, von Anfang an eine klare Linie zu fahren. Dein Welpe weiß noch nicht, was ein Klingelgeräusch bedeutet, und genau deshalb hast du jetzt die Chance, ihm ruhig und liebevoll zu zeigen, dass er nicht reagieren muss. Lässt du ihn jedes Mal mit zur Tür laufen, verknüpft er die Klingel mit Aufregung. Möchtest du das später nicht mehr, wird es deutlich schwieriger, dieses Verhalten wieder zu verändern. Bringe deinem Welpen deshalb bei, auf seiner Decke zu bleiben, wenn es klingelt (Training siehe S. 96 f.). Das ist der sicherste und entspannteste Ort für ihn, um solche Situationen ruhig zu erleben. Am besten ist es, wenn er auch dann auf seinem Platz bleibt, wenn der Besuch hereinkommt. So lernt er, dass er nicht alles kontrollieren muss, und dass du für Ordnung sorgst.

Kontakt ist kein Muss

Natürlich darfst du ihn dazu holen, wenn er ruhig ist und du das Gefühl hast, dass der Kontakt zum Besuch für ihn angenehm ist. Aber bitte zwing ihn nicht. Es ist absolut in Ordnung, wenn dein Welpe dir zeigt, dass er gerade keinen Kontakt möchte. Er wird das auf seine ganz eigene Weise tun – durch Körpersprache, Zurückweichen oder einen abgewandten Blick. Diese Zeichen verdienen deinen Respekt. Denn genau in diesen Momenten entscheidet sich, ob dein Hund dir vertraut. Und Vertrauen ist die wichtigste Grundlage eurer Beziehung. Nur wenn er spürt, dass du seine Grenzen wahrnimmst und schützt, wird er sich langfristig an dir orientieren und mit dir durch dick und dünn gehen.

1

2

1

2

LASS KEINE RITUALE ENTSTEHEN

Gerade im Alltag schleichen sich schnell Muster ein, die auf den ersten Blick harmlos erscheinen, langfristig aber zu Gewohnheiten führen, die du später vielleicht mühsam wieder abtrainieren musst. Ein gutes Beispiel dafür ist das Thema Haustür.
Wenn dein Welpe jedes Mal aufspringt, sobald du dir die Jacke anziehst, zum Schlüssel greifst oder dich in Richtung Tür bewegst, ist das kein Zufall. Er verknüpft diese Handlungen mit einem gemeinsamen Spaziergang und steht im wahrsten Sinne des Wortes schon in den Startlöchern.
Damit er nicht bei jeder kleinen Bewegung in Aufregung gerät, ist es wichtig, dass du von Anfang an bewusst mit diesen Situationen umgehst. Zeig ihm, dass nicht jeder Griff zur Jacke, nicht jeder Schritt zur Tür automatisch bedeutet, dass es jetzt nach draußen geht. So hilfst du ihm, ruhig zu bleiben und nicht in eine Erwartungshaltung zu verfallen.
Übe mit deinem Welpen, dass du dich ganz selbstverständlich im Raum bewegst, ohne dass er aufspringen oder sich anschließen muss. Du kannst deine Jacke anziehen, den Schlüssel in die Hand nehmen oder zur Tür gehen, ohne, dass sich für ihn sofort etwas verändert. Das gibt ihm Orientierung und Sicherheit.
Indem du von Anfang an solche Alltagssituationen ruhig mit ihm gemeinsam durchlebst, legst du den Grundstein für Gelassenheit und stärkst euer Miteinander, ganz ohne Hektik oder Stress.

1. Für echte Entspannung ist es wichtig, dass sich keine festen Routinen einschleichen, sonst gerät dein Welpe schnell in eine Erwartungshaltung.

2. Während du dich um den Haushalt kümmerst, darf dein Welpe lernen, entspannt zu bleiben.

»Die Welt ist für deinen Welpen riesig und voller erster Male. Wenn ihr zusammen draußen seid, bist du sein sicherer Anker und er lernt: Bei dir ist alles gut.«

DEIN WELPE UND DU ENTDECKEN DIE WELT

Ihr zwei seid ein Team. Vielleicht noch nicht perfekt eingespielt, aber voller Potenzial. Mit jedem Tag lernt ihr euch besser kennen. Für dich ist vieles selbstverständlich, für deinen Welpen ist alles neu. Jeder Schritt nach draußen, jedes Geräusch, jeder Mensch, jedes Tier. Dein Welpe sieht die Welt zum ersten Mal und du bist sein sicherer Anker.
Du gibst deinem Welpen mit deiner Ruhe und deiner Präsenz die Möglichkeit, sich zu orientieren. So lernt er, dass er sich auf dich verlassen kann, und genau daraus wächst Vertrauen.

Rücksicht auf die Bedürfnisse des Welpen nehmen

Bitte achte besonders in dieser Zeit darauf, deinen Welpen nicht zu überfordern. Auch wenn Freunde oder Familienmitglieder ihn unbedingt streicheln möchten, achte auf seine Körpersprache. Zieht er sich zurück, wendet er den Blick ab oder friert er in seiner Bewegung ein, dann möchte er gerade keinen Kontakt. Und das ist völlig in Ordnung. Lass in solchen Momenten niemanden deinen Hund anfassen, wenn er es nicht möchte. Das ist wichtig. Denn wenn du ihn nicht schützt, kann das zu einem Vertrauensbruch führen. Dein Welpe lernt: Meine Bedürfnisse werden übergangen. Das kann euch in eurer Beziehung zurückwerfen und die Bindung schwächen.

Vertrauen ist kein Zufall. Es entsteht durch dein Handeln. Jedes Mal, wenn du ihn schützt, stärkst du euer Band. Jedes Mal, wenn du ihm Zeit gibst, sich an etwas heranzutasten, statt ihn hineinzuschieben, lernt er: Ich bin sicher. Ich darf so sein, wie ich bin. Er wird dir folgen, wenn du ihn führst.

Was du deinem Welpen unbedingt zeigen solltest

Zwischen der vierten und der sechzehnten Lebenswoche durchläuft dein Welpe die sogenannte Prägephase (siehe S. 39 f.). Diese Zeit ist für seine Entwicklung besonders wichtig. Sein Charakter beginnt sich zu formen, und er lernt, mit der Welt um ihn herum umzugehen. Alles, was er jetzt erlebt – ob positiv oder negativ – speichert er tief ab. Vieles davon begleitet ihn ein Leben lang.
Damit dein Welpe zu einem sicheren, ausgeglichenen Hund heranwachsen kann, ist es wichtig, dass du ihn in dieser sensiblen Phase behutsam an unterschiedliche Umgebungen, Geräusche, Menschen, andere Tiere, sozialverträgliche Hunde in den unterschiedlichsten Situationen heranführst.
Es geht dabei nicht darum, möglichst viel in kurzer Zeit „abzuhaken", sondern darum, ihm in seinem Tempo die Möglichkeit zu geben, Neues kennenzulernen – in deinem Beisein, unter deinem Schutz.

Deine Aufgabe ist es, deinem Welpen die Welt zu zeigen. Behutsam und in einem Tempo, das er verkraften kann.

Typische Reize und Situationen

Ich nenne dir hier eine Auswahl an typischen Reizen und Situationen, die für deinen Welpen wichtig sind. Achte dabei darauf, dass ihr euch allem in Ruhe nähert. Du musst nichts erzwingen. Wenn du spürst, dass dein Welpe zögert oder überfordert ist, dann bleib einfach bei ihm, sei ruhig und gib ihm Zeit. Es zählt nicht das Tempo, sondern eure gemeinsame Verbindung.

– Verschiedene Bodenuntergründe wie z. B. Sand, Kies, Gitterböden, Pflastersteine, etc.

– Treppenstufen und ihre Unterschiede (geschlossene Stufen, offene Stufen, Wendeltreppen, usw.

– Menschen mit Behinderungen und Kleinkinder. Dies ist wichtig, da sie eine andere Körpersprache haben.

– Menschen mit Accessoires, wie z. B. Sonnenbrillen, Hüten oder Mützen

– Suche dir sozialverträgliche, mit Welpen freundliche Hunde, mit denen dein Hund Kontakt aufnehmen kann.

– Regenschirme. Hier hilft es, wenn du ihm zeigst, dass sich ein Regenschirm wandeln kann. So merkt er direkt, dass das Öffnen des Schirmes mit einem Geräusch verbunden ist.

– Einkaufswagen und Kinderwagen

– Fahre mit deinem Welpen Bus und Bahn, damit er sich daran gewöhnen kann. Fahre auch immer wieder kleine und größere Strecken mit ihm Auto.

– Dunkelheit. Diese kann auch auf Tiere bedrohlich wirken und für Unsicherheiten sorgen.

– Versuche mit deinem Welpen einen Regenschauer abzupassen, um nach draußen zu gehen.

– Begebe dich mit deinem Welpen in „Menschenmassen", z. B. in einer Fußgängerzone. Ihr werdet immer mal in Situationen kommen, in denen ihr auf mehrere Menschen treffen werdet.

– Mache ihn bekannt mit Autos und den anderen Verkehrsmöglichkeiten. Vergiss hierbei nicht die Fahrradfahrer.

– Gehe mit ihm zu größeren und kleineren Gewässern. Flüsse, Seen, Teiche, wenn möglich, zeige ihm das Meer.

– Tastet euch vorsichtig an verschiedene Geräusche, gern auch Geräusche, die kurz und knapp, aber dafür recht laut sein können, wie z. B. das Klatschen.

1. Sicherheit durch Nähe
Ob Bank, Wiese oder Park, bleib an seiner Seite, wenn dein Welpe Neues entdeckt. Deine Nähe ·ibt ihm Halt.

2. Einfach nur dasitzen
Reize wie Stimmen, Fahrräder oder flatternde Tüten verarbeitet dein Welpe am besten in Ruhe – gemeinsam mit dir.

3. Nicht zu viel auf einmal
Achte darauf, dass dein Welpe nicht zu vielen Reizen auf einmal ausgesetzt ist.

4. In Bewegung durch den Park
Lass deinem Welpen Zeit, neue Gerüche und Untergründe kennenzulernen. Bewegung und kleine Erkundungstouren machen Mut, wenn du ihn dabei begleitest.

5. In der Stadt
Hier ist alles lauter, schneller, enger. Verlangsame euer Tempo und biete Orientierung. So wird die Stadt nicht zur Reizflut, sondern zum Lernort.

6. Füreinander da sein
Reize sind für Welpen anfangs überwältigend. Aber mit dir als sicherem Bezugspunkt lernt dein Hund: Ich muss das nicht allein schaffen.

HUNDEBEGEGNUNGEN – WORAUF DU ACHTEN SOLLTEST

Die ersten Begegnungen deines Welpen mit anderen Hunden sind entscheidend – oft für sein ganzes Leben. Ob sich dein Hund später freundlich und gelassen gegenüber Artgenossen zeigt oder eher unsicher, reizbar oder überfordert reagiert, hängt maßgeblich davon ab, wie die ersten Kontakte verlaufen. Leider ist genau das ein Punkt, an dem in der Realität viel schiefläuft. Die gut gemeinte Idee, dass ein Welpe möglichst viele andere Hunde treffen soll, wird oft zur Überforderung. Denn: Nicht jede Begegnung ist eine gute Begegnung.

Was Welpen bei Hundebegegnungen wirklich brauchen

Dein Welpe ist, und das darf man nie vergessen, noch ein Baby. Er befindet sich mitten im sozialen Lernprozess und braucht vor allem eines: Schutz und Orientierung durch dich.

1

Was du vermeiden solltest

Schlechte Erfahrungen hinterlassen Spuren. Deshalb ist es so wichtig, nicht jeden Hundekontakt zuzulassen, nur weil „die Hunde das schon regeln".
Viele unsichere oder übergriffige Hunde hinterlassen beim Welpen den Eindruck, dass andere Hunde gefährlich oder bedrohlich sind.
Ein weit verbreiteter Irrglaube in diesem Zusammenhang ist der sogenannte „Welpenschutz".

Wichtig zu wissen: Der Welpenschutz gilt nicht pauschal unter Hunden!

Er beschreibt ein natürliches Verhalten innerhalb eines bestehenden Rudels – etwa bei Mutterhündin und vertrauten Artgenossen. Fremde Hunde sind deinem Welpen gegenüber nicht automatisch rücksichtsvoll oder nachsichtig. Im Gegenteil: Viele reagieren genervt oder sogar ablehnend, wenn ein junger Hund sie ungestüm bedrängt.
Verlasse dich deshalb niemals darauf, dass andere Hunde deinen Welpen

GUTE HUNDEBEGEGNUNGEN …

… sind ruhig, freundlich und gut beaufsichtigt.

… sind altersangepasst – dein Welpe muss nicht mit einem wilden Junghund rennen.

… dauern nicht ewig, sondern nur so lange, wie dein Welpe emotional stabil bleibt.

2

schon „in Ruhe lassen werden". Der beste Schutz ist deine Präsenz, deine Aufmerksamkeit und dein Mitdenken. Vermeide:

– Hunde, die zu grob spielen oder körperlich massiv sind.
– Begegnungen, bei denen dein Welpe bedrängt oder nicht ernst genommen wird.
– Situationen, in denen du selbst kein gutes Gefühl hast.

→ Dein Bauchgefühl ist hier oft dein bester Ratgeber.

Dein Welpe braucht dich – nicht fremde Hunde

Oft wird unterschätzt, wie sehr Welpen ihre Bezugsperson zur Orientierung brauchen, gerade in Begegnungssituationen. Du bist das emotionale Geländer deines Hundes. Wenn du gelassen, klar und präsent bist, fühlt sich dein Welpe sicher. Wenn du aber versuchst, ihn „abzugeben" oder Begegnungen einfach laufen zu lassen, fehlt ihm genau dieses Sicherheitsnetz.

Leinenbegegnungen

Viele Schwierigkeiten entstehen bei Begegnungen an der Leine. Hier fühlen sich Hunde schnell eingeengt und geraten in Stress. Das kannst du entschärfen, indem du

– frühzeitig Distanz einhältst,
– deinem Welpen beibringst, bei dir zu bleiben,
– ggf. einen kleinen Bogen gehst,
– ruhig und freundlich mit ihm sprichst, statt hektisch zu werden.

Ziel ist nicht, dass dein Welpe jeden begrüßt, sondern dass er lernt, ruhig an anderen Hunden vorbeizugehen.

Fazit: Wenige, gute Hundebegegnungen sind viel wertvoller als viele ungute. Die richtigen Hundekontakte stärken das Sozialverhalten deines Welpen, lassen ihn positive Erfahrungen machen und helfen ihm, freundlich und gelassen zu bleiben. Du bist der Filter. Du entscheidest, welche Begegnung sinnvoll ist und welche nicht. Und du darfst jederzeit *„Nein, heute nicht"* sagen – im besten Interesse deines Welpen.

1. Überlass Hundebegegnungen nicht dem Zufall, schütze deinen Welpen aktiv vor schlechten Erfahrungen.

2. Im Park, ohne Leine, aber nicht ohne Orientierung: Dein Welpe lernt durch deine Führung, wann eine Begegnung sicher ist und wann nicht.

Umgang mit Unsicherheit und Angst beim Welpen

Angst gehört zum Leben, auch bei deinem Welpen. Und gerade in seiner frühen Entwicklungsphase ist es vollkommen normal, dass ihn bestimmte Geräusche, Bewegungen oder Situationen erst einmal verunsichern.

Manchmal ist es ein flatternder Müllsack am Straßenrand, ein Mensch mit Hut oder das Heulen eines LKWs in der Ferne – Dinge, die für uns unbedeutend wirken, können für deinen Welpen wie ein kleiner Weltuntergang erscheinen.

ANGST DARF SEIN UND IST KEIN ZEICHEN VON SCHWÄCHE

Was vielen Menschen schwerfällt zu erkennen: Angst ist keine Marotte, keine Ungezogenheit und schon gar kein Zeichen von schlechter Sozialisierung. Sie ist ein echtes Gefühl und bei Welpen ein ganz normaler Bestandteil der Reifung. Sie schützt, warnt und hilft, sich in der Welt zurechtzufinden. Dein Welpe braucht in solchen Momenten vor allem eins: dich. Deine Sicherheit, deine Ruhe, deine verständnisvolle Führung. Er braucht niemanden, der ihn in die Situation „hineinschubst“ oder mit Sätzen wie *„Da musst du durch!“* noch mehr verunsichert.

Wichtig

Zwinge deinen Welpen nie in eine angstauslösende Situation. Geht gemeinsam einen Schritt zurück, gib ihm Raum und beobachte, wie weit er sich von selbst wieder annähert. Freiwillige Neugier ist der beste Weg aus der Angst.

So kannst du deinem Welpen bei Unsicherheit helfen

– Bleib ruhig, klar und präsent. Du bist sein Fels in der Brandung. Wenn du ruhig bleibst, hilft das deinem Welpen mehr als jedes Wort.
– Erkenne seine Signale frühzeitig. Knapp angelegte Ohren, gespannte Körperhaltung, eingezogener Schwanz, Meideverhalten – all das sind Hinweise darauf, dass dein Welpe sich unwohl fühlt.
– Schaffe Abstand. Wenn dein Welpe sich vor etwas fürchtet, gehe ein paar Schritte zurück, bis er wieder durchatmen kann. Nähe erzwingen bringt hier nichts.
– Biete Orientierung. Stell dich ruhig zwischen deinen Welpen und den Auslöser, blicke bewusst in die andere Richtung, zeige deinem Welpen, dass du die Lage im Griff hast. Er darf sich bei dir sicher fühlen.
– Nutze Leckerli bewusst. Ein Leckerli kann helfen, deinem Welpen in einer kurzen Stresssituation ein

1

2

positives Gefühl zu vermitteln. Es ist kein „Bestechen", sondern Unterstützung beim Umlenken seiner Emotionen.
– Ermutige, aber zwinge nie. Du kannst deinen Welpen neugierig machen, ein paar Schritte in Richtung des gruseligen Objekts zu gehen, aber du darfst ihn niemals ziehen oder drängen.

Was du besser vermeiden solltest

– Deinen Welpen in Situationen lassen, die ihn überfordern. Das führt nicht zu Gewöhnung, sondern zu Meideverhalten oder Panik.
– Unsicherheit ignorieren oder „wegerziehen" wollen. Ein ängstlicher Hund braucht keine Korrektur, er braucht Halt.
– Angst kleinreden: *„Stell dich nicht so an."* Auch wenn du es nicht aussprichst: Dein Welpe spürt, ob du ihn ernst nimmst oder nicht.

DIE ANGSTPHASE – EINE SENSIBLE ZEIT

Zwischen der 8. und 12. Lebenswoche (je nach Entwicklung auch später) kommen viele Welpen in eine sogenannte Angstphase. In dieser Zeit reagieren sie besonders sensibel auf Veränderungen und Reize. Sie speichern sehr genau, was sicher ist und was nicht.
Das bedeutet für dich: In dieser Zeit ist achtsames Begleiten wichtiger als Training. Weniger ist mehr. Neue Reize nur dosiert. Besser zehn kleine Erfolgsmomente als eine große Überforderung.

1. Ist dein Welpe unsicher, bleib selbst gelassen. So lernt er, dass es keinen Grund zur Sorge gibt.

2. Er darf Dinge gruselig finden. Gib ihm Zeit und zeige ihm, dass du die Verantwortung trägst.

»Angst ist keine Marotte, sondern ein echtes Gefühl.«

Vertrauen entsteht, wenn du verlässlich bleibst

Gibst du deinem Welpen in unsicheren Momenten das Gefühl, dass er sich auf dich verlassen kann, dann schaffst du die Grundlage für eine sichere Bindung. Und genau diese Bindung wird ihn später durch viele Situationen tragen, in denen er ohne sie vielleicht völlig überfordert wäre. Denn Angst verschwindet nicht durch Druck. Aber sie kann weichen, wenn Vertrauen wächst und er sich an deiner Seite sicher fühlt.

SO ERKENNST DU DIE ANGST DEINES WELPEN

Nicht jede Unsicherheit sieht gleich aus – und manchmal ist Angst ganz leise. Achte auf diese feinen Signale:

Körpersprache & Verhalten	Mögliche Bedeutung
eingezogener Schwanz	Unsicherheit oder Angst
abgewandter Blick, Kopf zur Seite	Beschwichtigung, Wunsch nach Abstand
Erstarren oder plötzlicher Stillstand	Überforderung, Reizverarbeitung stoppt
Hecheln ohne Hitze/Bewegung	Stressanzeichen
Kauerhaltung, geduckter Gang	Rückzug, Angstverhalten
plötzliches Flüchten oder Losrennen	Fluchtreaktion bei starker Angst
Zittern oder Körperanspannung	starkes Unwohlsein
übermäßiges Lecken an Lefzen oder Pfoten	Selbstberuhigung, Stressabbau

Diese Signale bedeuten nicht immer akute Panik, aber sie zeigen dir, dass dein Welpe etwas gerade als unangenehm empfindet. Je früher du diese Zeichen erkennst, desto besser kannst du helfen.

1

2

1. Dein Welpe braucht in unsicheren Momenten keine Erziehung, sondern deine Nähe.

2. Achtsames Begleiten stärkt euren Zusammenhalt und lässt Ängste kleiner werden.

DREI HÄUFIGE MISSVERSTÄNDNISSE ÜBER ANGSTVERHALTEN

1. „Der stellt sich nur an."
Nein. Angst ist immer echt, auch wenn der Auslöser für uns nicht bedrohlich wirkt. Dein Welpe hat das Recht auf Gefühle.

2. „Wenn ich tröste, verstärke ich die Angst."
Dieser Gedanke ist zu pauschal. Dein Welpe braucht in unsicheren Momenten vor allem eines: deine ruhige, souveräne Nähe. Diese vermittelt Sicherheit – ganz ohne großes Aufheben. Übermäßige Beruhigungsversuche *(„Ist ja nicht so schlimm, alles gut, du Armer!")* können deinen Welpen hingegen verunsichern. Er orientiert sich an deiner Stimmung. Bleibst du gelassen und zugewandt, hilft ihm das am meisten.

3. „Da muss er durch."
Muss er nicht. Zwang führt oft zu Vertrauensverlust und langfristiger Unsicherheit. Achtsames Begleiten ist der bessere Weg.

Fazit: Vertrauen wächst in kleinen Momenten

Angst ist kein Zeichen von Schwäche, sondern ein natürliches Gefühl, das auch dein Welpe kennenlernen und bewältigen muss. Gerade in der ersten Zeit wird er auf vieles treffen, das ihm fremd oder sogar beängstigend erscheint. Doch das Gute ist: Du bist da. Und genau das macht den Unterschied. Es geht nicht darum, deinem Welpen jede Unsicherheit abzunehmen, sondern ihn durch solche Momente hindurch zu begleiten. Mit Ruhe. Mit Geduld. Mit Vertrauen. Du darfst dabei selbst lernen, was dein Welpe braucht, und auch, wann weniger manchmal mehr ist. Denn nicht Worte oder hektisches Trösten geben Sicherheit, sondern deine souveräne Haltung, deine Präsenz, deine Gelassenheit. Mit jedem Mal, in dem dein Welpe sich in deiner Nähe sicher fühlt, wächst sein Vertrauen in dich und in die Welt. Und das ist die schönste Grundlage, auf der ihr gemeinsam weiter wachsen könnt.

OB HUPENDE AUTOS ODER RASCHELNDE FELDER ...

... dein Welpe erlebt seine Umwelt durch deine Begleitung. Was für uns Alltag ist, ist für ihn aufregendes Neuland – ganz gleich, ob Stadt oder Land.

SICHER AN DEINER SEITE

Stadt- oder Landleben: Unterschiede im Alltags-training

Zieht ein Welpe bei dir ein, beginnt für euch beide ein neuer Lebensabschnitt mit vielen schönen Momenten, aber auch neuen Herausforderungen. Und die hängen nicht zuletzt davon ab, wo ihr lebt: in der Stadt, auf dem Land oder irgendwo dazwischen.

Beide Lebensräume bieten Chancen und Stolpersteine. Wichtig ist nicht, ob einer „besser" oder „schlechter" ist, sondern dass du deinen Welpen achtsam an die Reize seiner Umwelt heranführst. Denn ob Stadt oder Land: Welpen müssen lernen, sich in ihrer Welt sicher und gelassen zu bewegen.

LEBEN IN DER STADT

Ein Stadtwelpe bekommt vom ersten Tag an viel geboten: Autos, Busse, fremde Menschen, Baustellen, laute Geräusche, andere Hunde, Kinderwagen, Fahrräder – und das alles manchmal gleichzeitig. Das klingt für uns normal, für einen Welpen ist es anfangs oft einfach zu viel.
Deine Aufgabe: Hilf deinem Welpen, sich Schritt für Schritt an diese Reize zu gewöhnen. Lass ihn nicht gleich durch die volle Innenstadt spazieren, sondern baue Reize langsam auf:
– Beginnt mit ruhigen Nebenstraßen.
– Bleibt mal stehen und beobachtet gemeinsam.
– Zeige ihm Mülltonnen, Baustellen oder hupende Autos in sicherem Abstand.
– Nutze kleine Begegnungen als Lernchancen – aber nur so viel, wie dein Welpe verkraftet. Begegnungen mit anderen Hunden oder Menschen in der Stadt sind oft schwer kontrollierbar. Hier ist es umso wichtiger, dass du für deinen Welpen Sicherheit ausstrahlst und nicht jede Interaktion zulässt, nur weil sie sich gerade ergibt.

Tipp
Egal wo, an deiner Seite kann dein Welpe lernen, sich sicher zu fühlen.

1

2

1. Dein Welpe braucht Zeit, um Neues zu verarbeiten. Gib ihm die Ruhe, die er braucht.

2. Reize und Gerüche helfen ihm, die Welt achtsam kennenzulernen.

3. Mit dir zusammen die Welt erkunden – der beste Start in ein entspanntes Leben.

LEBEN AUF DEM LAND

Ein Landleben wirkt zunächst entspannter – weniger Lärm, weniger Menschen, mehr Natur. Doch auch hier gibt es Besonderheiten, auf die du deinen Welpen vorbereiten solltest:
– Begegnungen mit Weidetieren oder Wild
– unübersichtliche Feldwege mit plötzlichem Jogger- oder Fahrradaufkommen
– landwirtschaftlicher Verkehr wie Traktoren
– Weniger Alltagstrubel kann bedeuten, dass dein Hund weniger Reize kennenlernt.

Deine Aufgabe: Achte darauf, dass dein Welpe trotz ruhiger Umgebung ein gewisses Maß an Alltagserfahrung sammelt, damit er später nicht überfordert ist, wenn ihr doch mal in die Stadt müsst. Fahre gelegentlich in belebtere Gegenden, erkunde Bahnhöfe oder Märkte in ruhiger Atmosphäre. Je vielfältiger dein Welpe seine Welt kennenlernt, desto souveräner wird er mit neuen Situationen umgehen.

REIZVERARBEITUNG VERSTEHEN UND BEGLEITEN

Welpen verarbeiten Reize sehr unterschiedlich. Einige wirken von Anfang an neugierig und offen, andere eher vorsichtig oder schnell überfordert. Wichtig ist, dass du lernst, die Körpersprache deines Welpen zu lesen. Denn sie zeigt dir, wie viel dein Welpe gerade verarbeiten kann.
Anzeichen für Überforderung können sein:
– ständiges Gähnen, Schütteln, Hecheln
– plötzliches Hinsetzen oder „Einfrieren“
– Zerren an der Leine oder überdrehte Energie
– Wegdrehen des Blicks, Lecken über die Lefzen
– Rückzug oder winseln

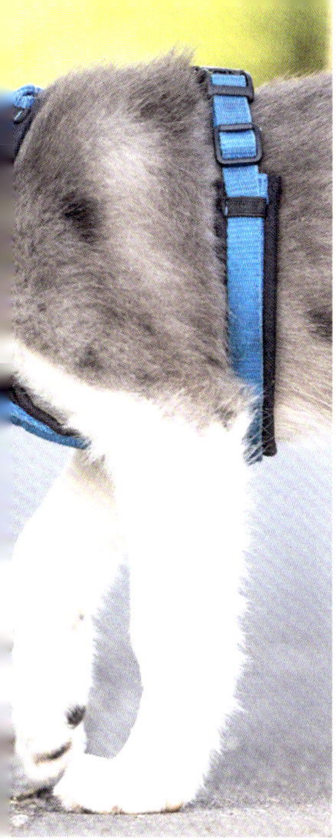

3

REIZÜBERFLUTUNG VERMEIDEN

So geht's:

– Plane ruhige Phasen nach aufregenden Momenten ein.
– Lass deinen Welpen nicht jeden Tag „Neues" erleben – weniger ist mehr.
– Wiederholungen helfen, Sicherheit aufzubauen.
– Führe kleine Entspannungsrituale nach jedem Spaziergang ein.
– Vermeide wilde Hundebegegnungen, die dein Welpe nicht einordnen kann.

Auch im Stadtleben braucht dein Welpe nicht jeden Tag 100 neue Eindrücke. Auch auf dem Land darf er mal Pause von den Weidetieren haben. Du bist sein Filter zur Welt – entscheide mit Bedacht, was ihm gut tut und was zu viel ist.

Führe anfangs ein kleines Reiztagebuch. Notiere, was ihr erlebt habt und wie dein Welpe reagiert hat. Du wirst schnell erkennen, wo seine Grenzen liegen und was ihn stärkt.

Was braucht mein Welpe in der Stadt?

– Reizaufbau in kleinen Schritten.
– Zeitfenster für ruhige Beobachtung („Schau mal, alles okay").
– Sicheres Ausweichen bei engen Wegen und Hundebegegnungen.
– Frühzeitiges Training von Leinenführigkeit und Impulskontrolle.
– Orientierung an dir als Ruhepol – kein Alles-erkunden-Dürfen.
– Schleppleine nur in ruhigen, sicheren Bereichen.
– Reizfreie Zonen für bewusstes Entspannen und Abschalten.
– Positive Verknüpfung von Stadtgeräuschen (z. B. über Futter, Spiel)
– Routinewege, auf denen dein Welpe sich sicher fühlt.
– Kein ständiger Kontakt zu fremden Menschen oder Hunden – Qualität vor Quantität.

Was braucht mein Welpe auf dem Land?

– Struktur im Alltag, trotz Ruhe der Umgebung.
– Gezielte Begegnungen mit anderen Hunden und Menschen.
– Grenzen setzen bei Wildbegegnungen, kein Freilauf im Jagdgebiet
– Reizaufbau durch kleine Ausflüge in andere Umgebungen (z. B. Stadt, Tierarzt, Bahnhof).
– Schleppleinentraining für Orientierung in weiten Flächen.
– Sicheres Rückruf-Training vor dem Ableinen.
– Vorsicht bei Weidetieren, Landwirtschaftsmaschinen und Giftködern (siehe S. 158 ff.).
– Reizkontrolle bei Vögeln, Mäusen oder Wildspuren.
– Schutz vor Reizarmut durch spielerisches Alltagstraining.
– Aufmerksam bleiben, auch „Landidylle" birgt Herausforderungen.

KÖRPERSPRACHE LESEN LERNEN, REIZVERARBEITUNG VERSTEHEN

Zeichen deines Welpen	Bedeutung
Gähnen, Schütteln	Stressabbau, Überforderung
Plötzliches Einfrieren („Freeze")	Unsicherheit, braucht Orientierung
Zerren an der Leine	innere Anspannung, Kontrollverlust
Lecken über die Lefzen	Beschwichtigung, leichte Stressanzeige
Hecheln bei kühlem Wetter	mentale Überlastung
Blickkontakt meiden, weglaufen	Wunsch nach Abstand

Hilfe bei Reizüberflutung

Was du tun kannst, wenn dein Welpe innerlich „zumacht".

Anzeichen für Überforderung:

– Dein Welpe zieht an der oder springt panisch in die Leine.
– Er hechelt auffällig stark, obwohl es kühl ist.
– Er wirkt rastlos, reagiert nicht mehr auf dich.
– Er setzt sich plötzlich hin und will nicht weitergehen.
– Er zeigt Angstverhalten (zittert, zieht sich zurück).
– Er zeigt „Clownverhalten" (überspielte Unsicherheit durch hibbeliges Verhalten).

Wenn du merkst, dass dein Welpe häufiger überfordert ist, baue gezielt Ruherituale in den Alltag ein – zu Hause und unterwegs. Gewöhne ihn daran, dass „nichts tun" auch ein wichtiger Teil seines Alltags ist.

Fazit: Egal, ob ihr in einer ruhigen Wohngegend oder mitten in der Innenstadt lebt: Es gibt keinen perfekten Ort, aber es gibt einen liebevollen, aufmerksamen Menschen,

Besonders in aufregender Umgebung braucht dein Welpe klare Strukturen und sichere Orientierung.

der seinen Welpen durch diese neue Welt begleitet. Und das bist du. Dein Welpe braucht dich als Ruhepol, als Schutzschild und als beständigen Orientierungspunkt. Wenn du ihn Schritt für Schritt an die Reize seines Lebensraums gewöhnst, hilfst du ihm, sich sicher zu fühlen – und genau das ist die beste Grundlage für eure gemeinsame Zukunft.

WAS HILFT JETZT WIRKLICH?

Situation	Sofortmaßnahme
zu viele Reize auf einmal (Menschen, Lärm)	ruhigen Ort aufsuchen, z. B. Seitenstraße, Hauseingang, Abstand schaffen
Dein Welpe ignoriert dich völlig.	Nicht laut werden, geh in die Hocke, bleib ruhig, biete Orientierung durch Nähe.
Körpersprache zeigt Überforderung (z. B. Gähnen, Hecheln, Lecken)	stehen bleiben, tief durchatmen, Hand aufs Herz – Ruhe überträgt sich
Dein Welpe will nicht mehr weiterlaufen.	Kein Ziehen – nimm ihn sanft mit oder setz dich mit ihm kurz hin.
Begegnung mit fremdem Hund überfordert ihn.	Sichtkontakt unterbrechen, eventuell Kehrtwende oder Bogen laufen
Dein Welpe dreht völlig auf.	leise, beruhigende Stimme, ruhiger Körper, evtl. ruhiges Futterspiel (z. B. Leckerli suchen lassen)
Rückzugsort fehlt	Nutze Körperkontakt oder die Nähe zu deinem Bein als „safe place".

Dein Welpe ist (noch) ein Baby

So vieles ist neu. So vieles aufregend. Und so vieles, was wir Menschen gern schon am liebsten heute trainiert hätten. Unsere Liste ist lang und wir wollen nichts verpassen.

Doch bitte vergiss nicht: dein Welpe ist, in all seinem Charme und seiner Neugier, noch ein kleines Baby. Ein Wesen, das sich in einer völlig neuen Welt zurechtfinden muss. Jede Begegnung, jedes Geräusch, jeder Geruch, jede neue Erfahrung will verarbeitet werden. Und das kostet Kraft – körperlich wie emotional.

Tipp

Anstatt deinem Welpen täglich neue Reize zu bieten, schenke ihm vertraute Situationen, die er mehrfach erleben darf.

WENIGER IST OFT MEHR

Zu viele Trainingseinheiten hintereinander, zu viele neue Orte, zu viele Menschen, zu viele Erwartungen – all das kann dazu führen, dass dein Welpe innerlich „dichtmacht". Dann wirkt er überdreht, unkonzentriert oder zieht sich sogar zurück. Das ist kein „Ungehorsam", sondern ein deutliches Zeichen: *„Ich kann nicht mehr."* Gib ihm Zeit. Gib ihm Pausen.
Richte dich in deinem Alltag nach dem Grundsatz: **Ruhe ist Training. Schlaf ist Lernen. Weniger ist mehr.**

Du musst nicht heute schon „alles trainiert haben". Im Gegenteil: Wenn du deinem Welpen in seinem Tempo die Welt zeigst, mit Geduld, Ruhe und liebevoller Führung, wird er viel stabiler, sicherer, und ihr werdet ein besseres Team.
Auch wenn es in deinem Kopf vielleicht schon 10 Punkte auf deiner „Trainingsliste" gibt, für deinen Welpen zählt im Augenblick nur das Hier und Jetzt. Und das sollte gut machbar sein.

WARUM LANGSAMES LERNEN DER SCHNELLERE WEG IST

Wenn ein Welpe einzieht, beginnt für viele von uns eine Phase voller Ideen, Pläne und guter Vorsätze. Da gibt es To-do-Listen, Bücher, Trainingspläne, Social-Media-Impulse – und ganz schnell entsteht der Eindruck: *„Das alles muss mein Welpe jetzt sofort lernen."*

Doch hier kommt eine Wahrheit, die dir hoffentlich ein bisschen Druck nimmt:

Dein Welpe muss nicht alles sofort können. Er darf sich entwickeln. In seinem Tempo. Stück für Stück. Und du darfst ihn dabei liebevoll begleiten, statt ihn durch ein dichtes Trainingsprogramm zu schieben.

Er braucht Struktur, ja. Er braucht Sicherheit, Führung, Regeln und einen Rahmen – auch das, ja.

Aber vor allem braucht er: Zeit, Schlaf, Wiederholung, Geborgenheit – und dich.

Denn Lernen passiert nicht dann, wenn wir möglichst viele Reize setzen, sondern wenn dein Welpe sie verarbeiten kann.

Verarbeitung braucht Pausen. Pausen brauchen Erlaubnis. Und genau da kommst du ins Spiel. Dein Welpe will viel erleben, doch du sorgst dafür, dass er auch einmal abschalten kann.

Ruhephasen statt Überforderung

Viele Hundehaltende erleben Phasen, in denen ihr Welpe „nichts mehr kann": Plötzlich klappt das Rückruf-Training nicht mehr. Die Leine ist nur noch angespannt. Der sonst so entspannte Hund wirkt aufgedreht, unsicher oder gestresst.

Oft ist das kein Rückschritt im eigentlichen Sinn, sondern ein Überforderungszeichen.

Je jünger dein Welpe ist, desto mehr Ruhephasen braucht er. Die meisten Welpen schlafen (bzw. sollten bis zu 20 Stunden am Tag schlafen!). Und trotzdem lernen sie Tag für Tag, einfach durch das Leben selbst.

FÜR EINE STABILE ENTWICKLUNG

Ein gut geführter Alltag mit Routinen, klaren Regeln, viel Ruhe, kleinen Trainingsimpulsen und emotionaler Sicherheit bringt langfristig viel mehr

Dein Welpe ist wie ein Kleinkind, das viel erlebt und viel Ruhe braucht, um all die Eindrücke zu verarbeiten.

Gähnt dein Welpe in neuen Situationen, ist er nicht zwangsläufig müde. Er kann auch gestresst sein.

als ein intensives, dicht gepacktes Trainingsprogramm.
Langsames Lernen heißt: **dein Welpe darf verinnerlichen, statt nur reagieren. Das schafft echte Verbindungen und nicht nur abfragbares Verhalten.**

Dein Hund hat Zeit – und du auch

Du hast nicht ein paar Wochen Zeit, um „alles zu schaffen". Du hast ein ganzes Hundeleben lang die Chance, mit deinem Hund zu wachsen, zu lernen, zu entdecken. Darum nimm den Druck raus. Halte inne, wenn du merkst, dass dein Welpe müde wird. Feiere kleine Fortschritte und erinnere dich immer wieder daran: **Langsam ist nicht faul. Langsam schafft Vertrauen, und das ist die beste Basis, die es geben kann.**

DEIN WELPE BRAUCHT VOR ALLEM DICH UND DEINE ACHTSAMKEIT

Ein Welpe ist kein kleiner Erwachsener. Er ist ein Baby – neugierig, sensibel, schnell überfordert. So wie Kinder nicht von heute auf morgen alles lernen können, braucht auch dein Welpe vor allem eines: ZEIT. Zeit, zu wachsen. Zeit, zu verstehen. Zeit, sich an all das Neue zu gewöhnen, das sein junges Leben gerade ausmacht.
Sei du der Mensch, der ihn liebevoll durch diese aufregende Phase begleitet. Der erkennt, wann es zu viel wird, und der sich nicht von Erwartungen, Perfektionsdruck oder schnellen Erfolgen treiben lässt. Training, Sozialisierung, Erziehung – all das darf Raum bekommen. Aber nicht alles auf einmal. Und niemals auf Kosten der Sicherheit, der Bindung oder des Vertrauens.
Pausen sind kein Rückschritt, sie sind Fortschritt mit Weitblick.
Jeder Moment, in dem du deinem Welpen vermittelst: *„Du bist okay. Wir machen das gemeinsam. Und wenn du nicht mehr kannst, machen wir eben eine Pause"*, ist ein Moment, der euch verbindet.

Auch scheinbar „grundloses“ Kratzen kann ein Anzeichen für Stress sein.

WORAN ERKENNE ICH ÜBERFORDERUNG BEIM WELPEN?

Signale verstehen, bevor dein Welpe laut werden muss

Anzeichen	Was es bedeuten kann	Was du tun kannst
Gähnen, obwohl dein Welpe nicht müde ist	Stress oder beginnende Überforderung	Pause einlegen, Reiz reduzieren
häufiges Kratzen, Schütteln oder Lecken	Übersprunghandlungen als Ventil für innere Anspannung	Umfeld beruhigen, für Sicherheit sorgen
plötzliche Aufgedrehtheit	„Durchdrehen“ statt regulierter Aktivität	Aktivität langsam beenden, Ruheritual anbieten
zunehmende Unruhe trotz Bewegung	Reize können nicht mehr verarbeitet werden	Spaziergang abbrechen oder stark abkürzen
vermehrtes Schnüffeln, Ablenken	Konzentration lässt nach, der Hund „flüchtet“ in Verhalten	Training stoppen, durchatmen, Nähe anbieten
Verweigerung (z. B. Sitz klappt nicht)	kein „Ungehorsam“, sondern mentale oder körperliche Erschöpfung	nichts mehr abverlangen, für Schutz und Ruhe sorgen
Rückzug oder plötzliche Anhänglichkeit	Bedürfnis nach Halt oder Überforderung durch Umgebung	Nähe zulassen, aber nicht bedrängen, Raum geben
Zittern, Winseln, Hecheln ohne Hitze	eindeutige Stressanzeichen	Training sofort abbrechen, sicheren Rückzugsort anbieten

Verstehe, wie dein Welpe denkt

Wenn du verstehst, wie dein Welpe lernt, wirst du im Alltag viel entspannter und klarer mit ihm umgehen können. Du brauchst kein großes Fachwissen, aber ein paar grundlegende Prinzipien helfen dir, deinen Hund liebevoll und verständlich anzuleiten.

Hunde lernen durch Verknüpfungen, genau wie wir Menschen auch. Etwas passiert, etwas folgt darauf – und das speichert der Hund ab. Das bedeutet:

HUNDE SIND KEINE KLEINEN MENSCHEN

Hunde handeln nicht logisch oder aus Überlegung heraus, sie handeln erfolgsorientiert. Dein Welpe fragt sich nicht, ob etwas „sinnvoll" ist, sondern ob es sich für ihn lohnt. Genau deshalb ist es so hilfreich, wenn du konsequent bleibst, klare Strukturen gibst und ihm immer wieder zeigst, welches Verhalten sich für ihn lohnt – liebevoll, ruhig und verständlich.

– Erwünschtes Verhalten lohnt sich (weil es z. B. zu Futter, Nähe oder Spiel führt).
– Unerwünschtes Verhalten lohnt sich nicht (weil es ignoriert, unterbrochen oder ruhig beendet wird).
Ein Hund macht das, was für ihn funktioniert –, und nicht, was „moralisch richtig" wäre. Deshalb ist es so wichtig, dass du im Alltag gutes Verhalten bewusst bestätigst und bei unerwünschtem Verhalten freundlich, aber klar unterbrichst.

WIE BAUT MAN SIGNALE AUF?

Ein Signal – wie „Sitz" oder „Bleib" – ist nichts anderes als ein Wort, das dein Hund mit einem bestimmten Verhalten verknüpft. Damit das klappt, solltest du diese Reihenfolge einhalten:

1

2

3

1. Zeige oder locke in das gewünschte Verhalten (z. B. deinen Welpen mit einem Leckerli ins Sitz bringen).
2. Sobald er sitzt, sagst du das Wort „Sitz".
3. Belohne ihn freundlich, z. B. mit Futter, Stimme, Lächeln.
4. Wiederhole das über mehrere Tage an verschiedenen Orten.
5. Irgendwann wird dein Hund das Verhalten allein auf dein Wort hin zeigen.

Das Wort kommt erst dazu, wenn der Hund das Verhalten schon zeigt. Nur so entsteht die richtige Verknüpfung.

Warum sind Handzeichen so hilfreich?

Hunde orientieren sich sehr stark an der Körpersprache. Bietest du deinem Hund zusätzlich zu einem Wortsignal auch ein Handzeichen an, lernt er schneller und sicherer. Besonders in der Distanz (z. B. auf dem Spaziergang) sind gut aufgebaute Handzeichen oft zuverlässiger als Worte.

LOB UND ABBRUCH – DEINE WICHTIGSTEN WERKZEUGE

In der Kommunikation mit deinem Welpen brauchst du zwei ganz zentrale Werkzeuge, damit er verseht, welches Verhalten du möchtest, und was er sein lassen soll.

Lob (z. B. „Prima")

Ein fröhliches, warmes Wort, das deinem Welpen sagt: *„Das war richtig!"* Am besten nutzt du es immer wieder im Alltag, sobald dein Hund etwas

1. Halte das Leckerli ruhig in der Hand, ohne Worte. Oft genügt Geduld und er setzt sich von allein.

2. Merkst du, dass dein Welpe versteht, was du ihm zeigen möchtest, führst du das Signalwort ein. Ruhig und mit Blickkontakt.

3. Futter ist eine gern genommene Bestärkung. Es motiviert und hilft ihm, neue Dinge schnell zu begreifen.

1

2

1. Gibst du deinem Welpen ein Signal, sollte es so lange für ihn verbindlich sein, bis du es wieder auflöst.

2. Hilf ihm mit einem Auflösesignal zu verstehen: Jetzt darfst du dich wieder frei bewegen. So entsteht Vertrauen durch Klarheit und liebevolle Führung.

gut macht, von sich aus Kontakt aufnimmt, ruhig liegt oder aufmerksam ist. Lob ist Bindung, Orientierung und Motivation in einem. Es ersetzt nie Futter oder echte Belohnung, ist aber eine wichtige Grundlage.

Abbruch (z. B. „Nein")

Ein ruhiges, klares Wort, das dem Hund hilft zu verstehen: *„Das möchte ich nicht."*
Wichtig ist, dass du hier nicht schimpfst oder laut wirst, sondern einfach mit fester Stimme eine Grenze setzt. Kombiniere es mit einer Handlung (z. B. etwas wegnehmen, Raum schaffen, Training abbrechen), sodass dein Hund lernen kann: Dieses Verhalten lohnt sich nicht. Beide Worte – Lob und Abbruch – sollten klar und eindeutig eingesetzt werden.

AUFLÖSEN VON SIGNALEN – WARUM DAS SO WICHTIG IST

Lernt dein Welpe auf ein Signal wie „Sitz" oder „Bleib" zu reagieren, ist das schon ein großer Schritt. Doch mindestens genauso wichtig ist das, was danach passiert: das Auflösen des Signals. Denn erst wenn dein Hund weiß, wann er ein Verhalten wieder beenden darf, gibst du ihm echte Orientierung und Sicherheit im Alltag.

Was bedeutet „Auflösen"?

Auflösenbedeutet: *„Du darfst jetzt wieder"*, es ist also das Signal, dass dein Hund die vorherige Aufgabe verlassen darf. Ohne ein klares Auflösen von Signalen bleibt dein Hund unsicher: *„Soll ich noch sitzen? Darf ich jetzt aufstehen?"*

Diese Unsicherheit kann entweder zu Frust oder zu eigenständigem Handeln führen, und genau das möchten wir vermeiden.

Ein Beispiel: Du sagst „Sitz", dein Welpe setzt sich hin. Jetzt passiert ... nichts. Du redest mit jemandem, schaust auf dein Handy und dein Hund steht irgendwann von allein auf. Was lernt er daraus? *„Sitz gilt nur ganz kurz. Ich darf selbst entscheiden, wann es beendet ist."*

Viel besser ist es, wenn du ihm klar sagst, wann er aufstehen und sich wieder frei bewegen darf.

So führst du ein Auflösesignal ein

1. Wähle ein klares Wort, das du ausschließlich für das Auflösen nutzt. Viele nehmen z. B.

- Okay
- Fertig
- Lauf
- Pause

2. Signal – Verhalten – Auflösen

- Du sagst „Sitz", dein Hund setzt sich.
- Du wartest einige Sekunden (anfangs nicht zu lange).
- Dann sagst du „Okay", lockst ihn aus dem Sitz und belohnst ihn.

3. Bleibe konsequent

Das Auflösesignal kommt immer, wenn das Signal beendet werden darf – egal ob bei „Sitz", „Bleib", „Warte" oder auch beim An-der-Leine-Stehen.

Warum ist das so wichtig?

Ein gut aufgebautes Auflösesignal sorgt für

- Klarheit – dein Hund weiß, wann er etwas tun und wann er es lassen darf.
- Frustrationstoleranz – weil er lernt, kurz zu warten, bis er „freigegeben" wird (siehe S. 95).
- bessere Impulskontrolle – er übt, nicht aus sich heraus zu handeln (siehe S. 94).
- sichere Alltagssituationen – z. B. an der Straße, beim Öffnen der Haustür, beim Tierarzt.

Tipp für den Alltag

Auch im Spiel oder bei Futterritualen kannst du das Auflösesignal nutzen. Beispiele:

- Dein Welpe wartet vor dem Napf – du sagst „Okay" → er darf fressen.
- Er sitzt vor dir, bevor du ihn aus dem Auto hebst – du sagst „Fertig" → und nimmst ihn heraus.
- Er liegt ruhig in der Box – du sagst „Lauf" → und er darf sich wieder frei bewegen.

So integrierst du das Auflösesignal ganz spielerisch und selbstverständlich in euren Alltag – und gibst deinem Welpen damit eine wichtige Portion Sicherheit und Struktur mit auf seinen Weg.

Fazit: Ein Welpe lernt von Anfang an – mit jeder deiner Reaktionen. Wenn du verstehst, wie Lernen funktioniert, wirst du automatisch ruhiger, klarer und verständlicher. Du bist die Orientierung in dieser neuen Welt, also mach dich verständlich und schaffe eine Atmosphäre, in der dein Welpe gern und mit Freude lernt.

Wichtig

Löse deine Kommandos immer mit einem Signalwort auf, damit sich dein Welpe nicht verselbständigt.

Impulskontrolle und Frustrationstoleranz

Viele unerwünschte Verhaltensweisen bei Hunden – wie wildes Anspringen, Bellen aus Ungeduld oder das Anknabbern von Möbeln – lassen sich oft auf zwei Dinge zurückführen: mangelnde Impulskontrolle oder geringe Frustrationstoleranz.

Diese beiden Fähigkeiten sind keine angeborenen Eigenschaften, sie müssen gelernt und geübt werden. Besonders bei Welpen ist das ein wichtiger Teil der Erziehung, denn sie können Emotionen noch nicht regulieren und handeln oft direkt aus dem Gefühl heraus. Deshalb ist es wichtig, diese Zeit zu nutzen, und mit seinem Welpen zu üben, Erwartungen zurückzuhalten bzw. auszuhalten, dass man etwas nicht bekommt.

WAS IST IMPULSKONTROLLE?

Impulskontrolle bedeutet, dass dein Welpe lernt, seine ersten Impulse zu unterdrücken. Er möchte sofort zum Futter rennen, loslaufen, springen, etwas nehmen, aber er wartet, weil du es von ihm erwartest.
Diese Fähigkeit schützt deinen Hund später im Alltag, z. B. wenn er nicht gleich zu einem anderen Hund hinrennen darf oder er ein Reh im Wald sieht und stehenbleibt.

So übst du Impulskontrolle im Alltag

– Leckerli auf den Boden legen – aber nur auf Signal darf es genommen werden.
– Tür öffnet sich – aber der Welpe wartet, bis du „Okay“ sagst.
– Du bewegst dich – aber er bleibt sitzen.

Impulskontrolle sanft mit „Sitz“ und „Bleib“ aufbauen

Die ersten Signale wie „Sitz“ und „Bleib“ sind perfekte Gelegenheiten, Impulskontrolle ganz spielerisch zu üben:

1. „Sitz“ halten, obwohl du dich bewegst: Beginne mit wenigen Sekunden, während du leicht einen Schritt zur Seite machst. Belohne, wenn dein Welpe bleibt.

2. „Bleib“ verlängern: Baue allmählich Zeit und Abstand auf: erst zwei Sekunden, dann fünf. Erst ein halber Meter, dann ein ganzer.

Tipp

Nicht jeder Tag läuft gleich, das ist völlig normal. Hab Geduld, auch wenn es heute schwerer scheint als gestern. Entwicklung braucht Zeit und einfühlsame Begleitung.

1

2

3

3. Ablenkung steigern: Bleibt dein Welpe sitzen, obwohl ein Leckerli rollt oder du die Tür öffnest? Super! Das ist echte Impulskontrolle.
Wichtig: Das Ziel ist kein starrer Gehorsam, sondern die Fähigkeit, sich selbst zu regulieren. Bleibe immer freundlich, klar und fair.

WAS IST FRUSTRATIONSTOLERANZ?

Frustrationstoleranz heißt, dass dein Welpe lernt, mit Enttäuschung umzugehen. Er darf gerade nicht zum anderen Hund, bekommt gerade nicht sein Spielzeug, er muss warten, bis du fertig bist – und kann dabei ruhig bleiben, statt zu bellen, jaulen oder nörgeln.
Frust auszuhalten ist eine Lernleistung, keine Frage des Gehorsams. Je sanfter du deinem Welpen hilfst, damit umzugehen, desto besser wird er später mit stressigen Situationen zurechtkommen.

So übst du Frustrationstoleranz

– Futter ist sichtbar, aber nicht erreichbar.
– Er wartet, während du telefonierst oder dich mit jemandem unterhältst.
– Du setzt ein klares, liebevolles Limit („Jetzt ist Ruhe“), ohne Diskussion.

WARUM BEIDES IM LEBEN SO WICHTIG IST

Impulskontrolle und Frustrationstoleranz sind wie Muskeltraining fürs Gehirn deines Welpen. Beides zusammen sorgt dafür, dass er
– sich im Alltag besser konzentrieren kann.
– nicht ständig alles will – und zwar sofort.
– besser zur Ruhe findet.
– später gelassener auf Frust und Reize reagiert.
Und das Beste: Diese Fähigkeiten stärken eure Bindung, denn du wirst zur verlässlichen Orientierung in einer aufregenden Welt.

1. Konzentriert sitzen, obwohl du dich bewegst. Ein kleiner Schritt für dich, ein großer für seine Entwicklung.

2. Klare, ruhige Signale helfen deinem Welpen, auch bei Ablenkung deinen Anweisungen zu folgen.

3. Dein Welpe wartet geduldig – genau das wird belohnt. Er lernt: Wenn ich ruhig bleibe, kommt das Leckerli. So entsteht Impulskontrolle ganz spielerisch.

Das Deckentraining

Ich habe dir bereits empfohlen, den Platz deines Welpen von Anfang an sinnvoll zu gestalten, damit er dort länger und gern verweilen möchte.

Dazu gehört auch, Futter und Wasser in unmittelbarer Nähe bereitzustellen – nicht nur aus praktischen Gründen, sondern auch, weil dein Welpe so seinen Platz mit etwas Positivem verknüpft. Das ist die ideale Grundlage für das sogenannte Deckentraining, ein Training, das deinem Hund langfristig Struktur, Sicherheit und Ruhe vermittelt. Wichtig zu verinnerlichen ist: **Die Decke deines Welpen ist niemals ein Ort der Strafe.** Sie ist sein Rückzugsort, sein geschützter Bereich und soll genau das auch bleiben. Bitte gib deinem Hund ausreichend Zeit, sich an diesen Ort zu gewöhnen, bevor du ihn umstellst oder neu positionierst. Veränderungen brauchen Zeit, auch für Hunde. Gerade Welpen reagieren empfindlich auf Umstellungen, wenn sie zu schnell und zu häufig kommen.

1

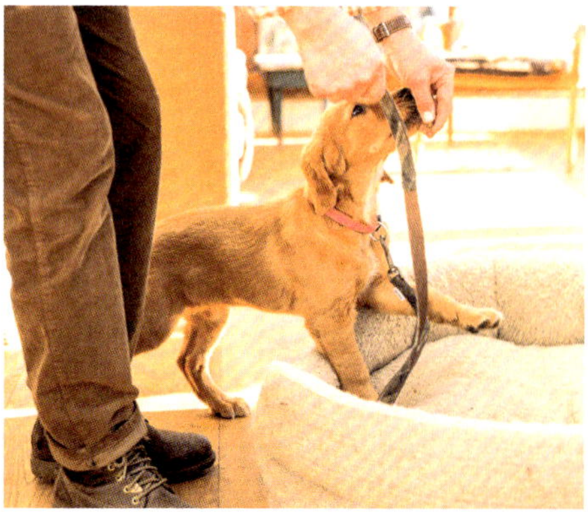

2

3

1. Zum Start des Trainings führst du deinen Welpen ruhig auf seinen Platz, so weiß er, was von ihm erwartet wird.

2. Bestätige ihn mit einem Stück Futter dafür, dass er auf seiner Decke bleibt.

3. Auf diese Weise versteht dein Welpe schnell, was von ihm erwartet wird.

AUFBAU IN ZWEI SCHRITTEN

Schritt 1: Zu Beginn führst du deinen Welpen ruhig an der Leine auf seine Decke – nicht tragen, nicht locken, sondern führen. Das unterstützt seine Selbstständigkeit und festigt eure Rollenverteilung. Er entscheidet selbst, ob er sich direkt hinlegt oder lieber erst einmal sitzen bleibt, um zu beobachten. Du kannst diesen Moment zusätzlich positiv bestärken, indem du ihm ein wenig Futter auf der Decke gibst. So wird sie zu einem angenehmen Ort für deinen Hund.
Begleite deinen Hund ruhig mit positiven Worten, sobald du merkst, dass er auf seinem Platz ankommt. Dein Lob und deine Präsenz sind in dieser Phase besonders wichtig. Bleib bei ihm, bleib klar, bleib ruhig. Wiederhole diese Übung einige Minuten lang, damit sich die Erfahrung verfestigt. Besonders in der Anfangszeit kannst du deinem Welpen hin und wieder ein kleines Leckerli auf seine Decke legen, ganz beiläufig und ohne große Worte. So entsteht ein Ort, der sich gut anfühlt und auf den er gern zurückkehrt.
Schritt 2: Nun kannst du damit beginnen, dich kurz von deinem Hund zu entfernen. Gehe einen Schritt weg und komm wieder zurück. Bleibt er liegen, belohnst du ihn wieder mit Futter auf der Decke. Dann versuchst du es mit zwei oder drei Schritten. Auch hier gilt: Jeder Erfolg darf gefeiert werden. Nicht laut, nicht übertrieben, aber ehrlich und spürbar für deinen Hund.
Wenn er folgt: Sollte er dir folgen, bringst du ihn kommentarlos zurück auf seinen Platz. Bleib dabei ruhig und freundlich. Gib ihm aber keine Belohnung. So lernt dein Hund, wofür er belohnt wird und wofür nicht. Und genau das schafft Orientierung.
Begebe dich wieder in deine Ausgangsposition und gib ihm anschließend etwas Futter, um ihm zu zeigen: Das Bleiben auf der Decke lohnt sich.

FORTSCHRITTE WAHRNEHMEN, RÜCKSCHRITTE ZULASSEN

Mit der Zeit wirst du merken, dass dein Welpe immer häufiger liegen bleibt. Dann kannst du die sogenannten Bestätigungsphasen ausdehnen, also die Zeit, bis er die nächste Belohnung erhält.
Sollte dein Welpe einmal aufstehen, obwohl er es nicht soll, dann ist das kein Drama. Bleib ruhig, führ ihn zurück, und mach weiter. Rückschritte sind Teil des Prozesses. Bitte verliere nie den Glauben an dich oder deinen Hund. Ihr wachst gemeinsam.

ABRUFEN VON DER DECKE

Achte bei allen Trainingseinheiten darauf, dass du deinen Hund auch mal von der Decke abrufst. So lernt er, dass er auch aufstehen darf, wenn du es möchtest. Die Decke ist kein Ort des Zwangs, sondern der freiwilligen Ruhe. Aber das muss er erst einmal verstehen lernen.

KEINE VERGLEICHE MIT ANDEREN

Vergleiche dich nicht mit anderen. Jeder Hund hat sein eigenes Tempo. Manche bleiben nach zwei Trainingseinheiten souverän auf ihrer Decke liegen. Andere brauchen dafür eine Woche. Beides ist vollkommen in Ordnung.

DECKENTRAINING IM ALLTAG VERANKERN

Variiere das Training. Nimm zum Beispiel deinen Schlüssel in die Hand und leg ihn wieder weg, zieh deine Jacke an und zieh sie wieder aus, geh zur Tür und komm wieder zurück. All das sind Alltagssituationen, die deinem Hund helfen, sich an dein Verhalten zu gewöhnen, ohne direkt aufspringen zu müssen. Achte dabei darauf, dass du in Verbindung mit deinem Welpen bleibst. Blickkontakt, eine ruhige Ausstrahlung und kleine, positive Bestätigungen helfen ihm, in seiner Ruhe zu bleiben.

Vorbereitung auf das Alleinbleiben

Kann dein Welpe auf seinem Platz entspannen, während du dich in der Wohnung frei bewegst, kannst du beginnen, das Alleinbleiben zu üben. Dazu kannst du dann auch die Tür öffnen und den Flur betreten – mit dem Ziel, dass dein Hund lernt: Ich darf liegen bleiben. Es passiert nichts, was mich betrifft. Weite die Zeiten dann Stück für Stück aus. Bitte denke immer daran, das Training in dem Tempo anzugehen, das dein Welpe auch wirklich annehmen kann. Denn wenn er sich überfordert fühlt, ist es möglich, dass es zu Rückschritten kommt, und das wäre schade. Du bist in der Verantwortung, aufmerksam zu beobachten, wann dein Welpe bereit ist für den nächsten Schritt, und wann er einfach nur eine Pause braucht. Nur so bleibt das Lernen für euch beide ein gemeinsamer, positiver Weg.

SIGNAL AUFBAUEN

Geh bewusst mit seinem Lernprozess um. Wenn er sich von sich aus auf seine Decke legt – was für ein Fortschritt! Genau das darf wertgeschätzt werden. Und irgendwann ist es Zeit, ein klares Signal einzuführen, z. B. „Decke", „Korb" oder „Ruhe". Dieses Kommando verknüpft er mit seiner Decke und du kannst es gezielt einsetzen: Nach Spaziergängen, bei Besuch, wenn es klingelt oder du die Wohnung kurz verlässt. Wiederholungen festigen die Verknüpfung. Und mit jedem Mal wächst auch sein Vertrauen in dich als souveräne Führungspersönlichkeit.

Du kannst die Decke als Ruheplatz überallhin mitnehmen. So gibst du deinem Welpen unterwegs einen vertrauten Anker in neuen Situationen.

LERNEN DURCH WIEDERHOLUNG

Führe diese Trainingseinheiten regelmäßig durch, idealerweise über mehrere aufeinanderfolgende Tage hinweg. Das Gehirn deines Welpen braucht Wiederholung, um Gelerntes wirklich zu speichern. Drei aufeinanderfolgende Tage festigen eine neue Information nachweislich besser als einzelne, verstreute Einheiten.

1

2

3

1. Liegt dein Welpe ruhig auf seiner Decke? Belohne ihn liebevoll.

2. Leg das Leckerli auf die Decke, damit dein Welpe versteht, wofür er gerade gelobt wird.

3. Während du das Futter platzierst, sagst du ruhig das Wort, das du für diesen Ort gewählt hast.

4. So lernt dein Welpe ganz nebenbei, was du dir von ihm wünschst.

5. Mit der Zeit wird dieser Ort zu seinem sicheren Wohlfühlplatz.

So baust du das Kommando „Decke“ auf

Der Aufbau eines Ruhekommandos wie „Decke“ beginnt mit einem bewussten Blick auf den Alltag deines Welpen – ohne Eile und ohne Druck.

Schritt 1: Freiwilliges Verhalten beobachten

Bevor du ein Kommando wie z. B. „Decke“ einführst, warte darauf, dass dein Welpe von sich aus auf seine Decke oder seinen Ruheplatz geht – am besten in einem Moment, in dem er sowieso müde ist oder sich gern entspannen möchte. Dies kann z. B. nach dem Spaziergang oder auch nach dem Fressen sein.

Schritt 2: Kommando verknüpfen

In dem Moment, in dem sich dein Welpe auf seiner Decke niederlässt, sag ruhig und freundlich dein gewähltes Wort, z. B. „Decke“, „Korb“ oder „Ruhe“.
Wichtig: Sag es nicht vorher, sondern während er das Verhalten zeigt. So verknüpft er das Wort mit dem, was er gerade tut.

Schritt 3: Positiv bestärken

Bestätige ihn direkt danach – leise, ruhig und freundlich. Ein sanftes Lob („Prima“) oder ein Leckerli auf der Decke helfen, das Verhalten angenehmer zu machen, ohne die Ruhe zu stören.

4

5

Schritt 4: Wiederholen und situationsbezogen einsetzen

Wiederhole das Ganze in Alltagssituationen, in denen Ruhe gefragt ist:

– nach dem Spaziergang
– wenn du kochst
– wenn Besuch kommt
– wenn du den Raum kurz verlässt

Führe deinen Welpen bei Bedarf zur Decke, sage das Signal, gib ein Leckerli oder belohne ihn verbal.

Schritt 5: Langsam festigen

Mit der Zeit versteht dein Welpe: *„Wenn dieses Wort kommt, ist meine Decke gefragt, und dort ist es ruhig und angenehm.“* So entsteht ein verlässliches Kommando, das dir im Alltag in vielen Momenten hilft.

Und wann darf der Welpe wieder aufstehen?

Das ist ein ganz wichtiger Punkt! Denn nur, wenn du auch das Ende eines Signals klar und freundlich kommunizierst, kann dein Welpe wirklich verstehen, was du von ihm möchtest (siehe auch S. 90 ff.).

So kannst du das Auflösen üben:

1. Warte einen Moment, während dein Welpe auf seiner Decke liegt.
2. Sprich dein gewähltes Auflösesignal aus – z. B. „Komm", „Okay" oder „Lauf". Achte darauf, dass du dabei freundlich und klar bleibst, aber nicht aufgeregt wirst.
3. Bewege dich dann selbst leicht, z. B. steh auf, dreh dich zur Seite oder geh einen kleinen Schritt. Das unterstützt deinen Welpen dabei, die Veränderung wahrzunehmen.
4. Wenn dein Welpe aufsteht, freu dich ruhig ein wenig, aber ohne zu viel Trubel. Du möchtest vermitteln: *„Jetzt ist die Ruhezeit vorbei, wir machen etwas."*

Wichtig: Verwende das Auflösesignal immer nur bewusst und nicht „nebenbei" oder aus Versehen im Gespräch. So lernt dein Welpe, dass es eine klare Struktur gibt: *„Ich liege, bis etwas anderes passiert."* Das schafft Sicherheit, fördert seine Impulskontrolle und hilft dir später in ganz vielen Alltagssituationen: wenn Besuch kommt, wenn du im Café sitzt oder wenn du kurz den Raum verlässt.

Dein Welpe steht auf und legt sich woanders hin

Gerade in der Anfangszeit passiert das natürlich häufiger – dein Welpe versteht das Kommando „Decke" noch nicht als klare Aufgabe, sondern spürt einfach: *„Hier ist es gerade gemütlich."* Und wenn etwas im Umfeld spannender ist oder er sich plötzlich unwohl fühlt, wird er vielleicht aufstehen und sich einen anderen Platz suchen.

1

2

1. Zeige deinem Welpen, dass er wieder aufstehen darf.

2. Gib ihm ein ruhiges, klares Signal dafür.

3. Mit einem positiv aufgebauten Training lernt dein Welpe viel schneller, dass die Decke ein richtig schöner und sicherer Ort für ihn ist.

Wichtig: Bleib ruhig und freundlich. Schimpfen oder hektisches Eingreifen wären an dieser Stelle nicht hilfreich, schließlich lernt dein Welpe ja noch. Stattdessen:
1. Bleibe gelassen und freundlich. Du kannst ihn freundlich ansprechen und ihn sanft zurück zur Decke begleiten.
2. Motiviere ihn mit einem Leckerli, das du ruhig auf der Decke platzierst – so verknüpft er den Ort wieder positiv.
3. Warte einen Moment, bis er sich legt, und gib ihm erst dann dein Lob – ruhig, leise und klar.
4. Sollte er immer wieder aufstehen, prüfe folgendes:
– Ist der Liegeplatz wirklich gemütlich und reizarm?
– Ist dein Welpe eventuell nicht mehr müde oder schon zu aufgedreht?
In diesen Momenten übst du Geduld, Führung und Verständnis – genau das, was euer Vertrauen stärkt.
Mit der Zeit wird dein Welpe immer besser verstehen, was du mit dem Signal „Decke“ meinst, und dass es sich lohnt, dort zu bleiben, bis du ihn wieder freundlich zu dir holst.

Mein Fazit

Das Deckentraining ist ein Geschenk – für deinen Hund und für dich. Es schenkt euch beiden Struktur, Verlässlichkeit, Ruhe. Aber es ist kein Mittel zur Strafe. Die Decke ist ein Ort des Vertrauens. Sie soll Ruhe schenken, nicht Druck erzeugen.
Dein Hund soll sich dort entspannen können. Nicht, weil er muss, sondern weil er darf. Und weil er weiß, dass du in der Nähe bist. Dass du die Führung übernimmst. Dass du da bist, wenn er dich braucht. Genau darin liegt das Geheimnis einer sicheren Bindung.
Rufe ihn zwischendurch mal zu dir, oder geh zu ihm hin. Kuschelt, berührt euch, seid nah. Dein Welpe soll nicht lernen, dass sein Platz Distanz bedeutet, sondern Vertrauen. Das Deckentraining hilft euch beiden, genau das aufzubauen. Und das ist ein wunderbarer Anfang für alles, was noch kommt.

Der behutsame Weg zum Alleinbleiben

Für deinen kleinen Welpen ist es eine große Sache: das Alleinsein. Wer verbringt schon gern Zeit ohne seinen Lieblingsmenschen, vor allem in einer neuen, noch so fremden Welt?

Und trotzdem gehört auch das Alleinbleiben zu den Dingen, die er mit deiner liebevollen Unterstützung Schritt für Schritt lernen darf. Du kannst mit Ruhe, Geduld und einem aufmerksamen Blick auf die Bedürfnisse deines Welpen bereits in der zweiten Woche ganz sanft damit beginnen, ihn an kurze Momente des Alleinseins zu gewöhnen. Wichtig dabei ist: Es geht nicht um das Aushalten, sondern um ein ruhiges Zurückbleiben in dem Wissen, dass du immer wiederkommst.

Ein wertvoller Anker in diesem Lernprozess ist das Deckentraining. Genau hier setzt der Aufbau des Alleinbleibens an: Hat dein Welpe gelernt, dass sein Platz ein Ort der Ruhe ist, an dem er entspannen darf, fällt es ihm später leichter, für eine gewisse Zeit ohne dich zu bleiben.

1. Erst wenn dein Welpe gern und sicher auf seiner Decke bleibt, kannst du mit ihm das Alleinbleiben Schritt für Schritt aufbauen.

BEGINNE IN KLEINEN SCHRITTEN

Vielleicht verlässt du zunächst nur kurz den Raum, während dein Welpe auf seiner Decke bleibt. Kehre bereits nach wenigen Sekunden zurück,

1

2

2. Wie beim Deckentraining gilt: Bleibt dein Welpe auf seinem Platz, bekommt er dafür eine Bestätigung.

3. Baue das Training auf diese Weise Schritt für Schritt weiter aus.

ohne viel Aufhebens darum zu machen. Es ist etwas ganz Normales, dass du dich von deinem Welpen entfernst und auch einmal kurz außer Sicht gehst. Verlängere jetzt die Zeit behutsam, immer angepasst an sein Tempo. Beobachte die Reaktion deines Welpen genau, er soll entspannt liegen und nicht in Hektik geraten. Bleib deshalb achtsam, ob er sich noch wohlfühlt, und gib ihm Sicherheit, wo sie gebraucht wird.
Bleibt er ruhig liegen, wenn du den Raum kurz verlässt, kannst du die Zeit Schritt für Schritt ausdehnen. Du kannst z. B. einmal auf die Toilette gehen und gleich wieder zurückkommen. Später geht der Weg z. B. in den Keller, in den Hausflur, zum Briefkasten, auf die Straße usw. Je vertrauensvoller dieser Prozess gestaltet wird, desto eher versteht dein Welpe, dass deine Rückkehr immer sicher ist. Und genau dieses Vertrauen ist die Grundlage für ein entspanntes Alleinbleiben – nicht nur als Training, sondern als ein weiterer Ausdruck eurer gewachsenen Beziehung. Dein Welpe weiß, dass er sich auf dich verlassen kann. Siehe auch „Allein im Auto“, S. 60.

Abliegen

— in vielen Situationen hilfreich

Hat dein Hund gelernt, auf einer Decke liegenzubleiben, kannst du mit ihm auch gezielt das Hinlegen üben und das Kommando „Platz“ hinzufügen.

1. Übung im Sitz beginnen
Lass deinen Welpen sitzen und starte dann die Übung für das Hinlegen. Gespannt wird er zu dir schauen, was als Nächstes passiert.

2. Sanfte Unterstützung mit Leckerli
Unterstütze deinen Welpen sanft mit einem Leckerli. Führe deine flache Hand mit dem Leckerli ruhig Richtung Boden, sodass er der Bewegung folgt und sich ablegt.

3. Kommando „Platz“ aussprechen
Sobald dein Welpe auf dem Boden liegt, sprich das Kommando „Platz“ aus – ruhig und klar – und belohne ihn direkt in der Position.

4. Verweilen in der Ruheposition
Bleibe kurz bei ihm, ohne das Platz gleich wieder aufzulösen. So lernt dein Welpe, dass das Ablegen nicht nur ein kurzes Hinwerfen ist, sondern eine echte Ruheposition.

5. Wiederholungen festigen das Kommando
Mit Geduld und Wiederholung wird dein Welpe verstehen, was du dir von ihm wünschst. So wird das Signal „Platz“ zu einer sicheren Orientierungshilfe im Alltag.

Das Tierarzttraining

Sicher kennst du dieses mulmige Gefühl im Bauch, wenn ein Termin ansteht, bei dem du nicht genau weißt, was auf dich zukommt. Eine fremde Umgebung, ein unbekannter Mensch, ungewohnte Abläufe – das kann verunsichern.

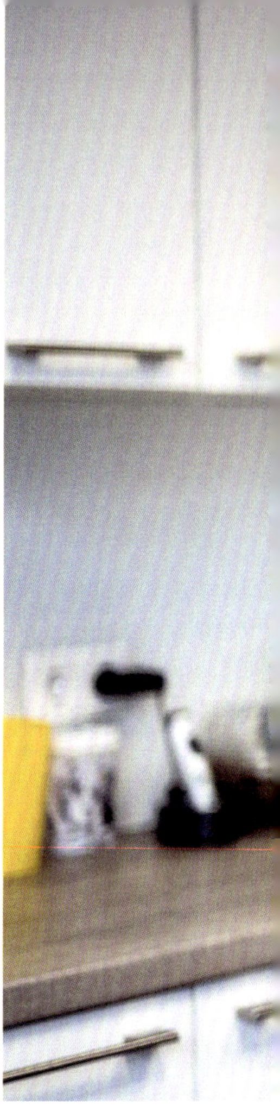

Und genau so fühlt sich dein Welpe, wenn es für ihn zum Tierarzt geht. Nur, dass er nicht versteht, warum er dort ist oder was passieren wird. Deshalb ist es wichtig, dass du ihn sanft und geduldig an dieses neue Erlebnis heranführst. Spürt dein Welpe, dass du ruhig und zugewandt an seiner Seite bist, dann kann er sich viel besser auf das einlassen, was ihn erwartet.

»Je sicherer du bist, desto sicherer fühlt sich auch dein Welpe. Du bist sein Anker in neuen Situationen. Zeigst du ihm, dass alles in Ordnung ist, kann er viel gelassener bleiben.«

DER ERSTE BESUCH IN DER TIERARTZPRAXIS

Versuche den ersten Tierarztbesuch so positiv und entspannt wie möglich zu gestalten. Das beginnt schon mit dem Weg zur Praxis: Nimm dir genug Zeit, achte auf eine ruhige Stimme und vermeide Hektik. In der Praxis angekommen, bleib in seiner Nähe. Setze ihn – wenn möglich – selbst auf den Untersuchungstisch, statt ihn hochheben zu lassen. Diese kleine Geste kann für deinen Welpen einen großen Unterschied machen.
Lege deine Hand sanft auf sein Fell, sprich ruhig mit ihm und sei einfach da. Vielleicht hilft es ihm, wenn du ihm ein kleines Leckerli gibst. Das kann Sicherheit vermitteln und ein gutes Gefühl mit der Situation verknüpfen.
Hilfreich ist es, wenn dein Welpe vor dem ersten „echten" Besuch schon einmal die Tierarztpraxis kennenlernen darf – ohne Behandlung, einfach nur zum Ankommen, Schnuppern und Hallo sagen. Viele Praxen bieten das inzwischen an. So kann dein Welpe die Räume, Gerüche und Stimmen mit etwas Unaufgeregtem verbinden, ohne dass er untersucht wird oder eine Spritze bekommt.

Gewöhne deinen Welpen an Berührungen – Pfote geben, Maul öffnen, ruhig stehen. So wird der Tierarztbesuch weniger stressig, mit dir an seiner Seite.

1

2

1. Nimm behutsam die Pfote deines Welpen in die Hand. Eine sanfte Geste, die Vertrauen aufbaut und auf spätere Untersuchungen vorbereitet.

2. Berühre ihn bewusst an verschiedenen Stellen. Wiederholungen in entspannter Atmosphäre helfen ihm, gelassen zu bleiben.

MEDICAL TRAINING – KLEINE ÜBUNGEN FÜR ZU HAUSE

Damit dein Welpe möglichst entspannt mit Tierarztbesuchen umgehen kann, lohnt es sich, ihn schon zu Hause spielerisch auf bestimmte Berührungen und Handgriffe vorzubereiten. Auf diese Weise lernt er, dass nichts Schlimmes passiert, wenn jemand ihn untersucht. Ganz im Gegenteil: Es kann sich sogar gut und sicher anfühlen. Nimm dir am besten täglich ein paar Minuten Zeit und integriere die kleinen Übungen liebevoll in euren Alltag. Wichtig ist, dass du dabei ruhig und achtsam bleibst. Wenn dein Welpe sich unwohl fühlt, geh einen Schritt zurück und probiere es später noch einmal. Kein Druck, kein Zwang – nur Vertrauen und gemeinsame Zeit.

Pfoten berühren

Streichel die Pfoten deines Welpen sanft. Wenn er das zulässt, nimm sie kurz in die Hand, bewege sie leicht oder drücke vorsichtig auf die Ballen – ganz so, wie es auch der Tierarzt machen würde. Wenn er ruhig bleibt, lobe ihn leise und gib ihm vielleicht ein kleines Leckerli. So lernt er, dass Berührungen an den Pfoten nichts Unangenehmes bedeuten.

Ohren anschauen

Fahre mit den Fingern sanft über seine Ohren, klappe sie einmal kurz um und schau hinein – aber ohne dabei zu stark zu „untersuchen“. Es geht nur darum, dass er sich an die Handlung gewöhnt. Auch hier gilt: ruhig sprechen, behutsam sein, loben, wenn er sich entspannen kann.

Zähne kontrollieren

Mit ruhiger Stimme und einer liebevollen Geste kannst du beginnen, vorsichtig seine Lefzen anzuheben und ihm einmal kurz „ins Mäulchen zu schauen". Anfangs vielleicht nur kurz, später etwas länger. Auch das ist ein Handgriff, den viele Tierärzte regelmäßig machen – je entspannter dein Welpe dabei ist, desto leichter wird es für euch beide.

Bauch und Rücken abtasten

Streichle deinen Welpen über den Bauch und entlang des Rückens. Wenn er das zulässt, kannst du ganz behutsam ein wenig Druck mit den Fingerspitzen auf verschiedene Stellen ausüben – das simuliert eine Untersuchung. Dein Welpe lernt dabei, dass du ihn überall anfassen darfst, und dass solche Berührungen kein Grund zur Sorge sind.
Diese kleinen Rituale stärken nicht nur die Bindung zwischen euch, sondern legen auch einen wichtigen Grundstein für ein stressfreies Miteinander – beim Tierarzt und im Alltag. Je besser dein Welpe gelernt hat, dir zu vertrauen, desto leichter wird es ihm fallen, sich auf dich zu verlassen, wenn es darauf ankommt.

1. Hebe sanft die Lefze an, zeige ihm, dass Maulkontrolle nichts Bedrohliches ist.

2. Dein Welpe steht oder sitzt ruhig, während du mit der Hand über Rücken und Bauch streichst. So lernt er: Berührung ist etwas Vertrautes.

1

2

KÖRPER- UND FELLPFLEGE DEINES HUNDES

Nicht nur beim Tierarzt ist es wichtig, dass dein Welpe lernt, sich ruhig und vertrauensvoll anfassen zu lassen. Auch im Alltag gibt es viele Situationen, in denen du ihn berühren oder pflegen wirst – sei es beim Bürsten, beim Reinigen der Pfoten nach einem Spaziergang oder beim Entfernen eines kleinen Grashalms aus dem Fell. Je früher er versteht, dass all das zum Leben dazugehört und nichts Bedrohliches ist, desto leichter wird es euch fallen, diese Momente entspannt zu meistern. Richtig aufgebaut, genießen viele Hunde diese gemeinsam Zeit mit ihrem Menschen sehr.

Nimm dir dafür regelmäßig etwas Zeit, um kleine Pflegerituale einzuführen. Diese sollten nie unter Stress stattfinden, sondern in einem ruhigen Moment, am besten nach einem Spaziergang, wenn dein Welpe ohnehin gerade zur Ruhe kommt.

Bürsten üben

Ob langes oder kurzes Fell – Bürsten gehört zur regelmäßigen Pflege dazu. Zeige deinem Welpen frühzeitig, dass das Bürsten nichts Schlimmes ist. Wähle eine weiche Bürste und beginne mit ganz kurzen, sanften Bewegungen. Sprich ruhig mit ihm, lobe ihn bei jedem entspannten Moment und hör lieber früh als zu spät auf – so bleibt das Erlebnis positiv abgespeichert. Wenn er es mag, darf das Bürsten gern zu einem kleinen Wellnessritual werden.

1

1. Gib dem Welpen ein Leckerli als Startsignal für eine entspannte Zeit. So verknüpft er die Bürste mit etwas Positivem.

2. Bleibt dein Welpe während des Kämmens ruhig, belohne ihn direkt.

3. Beende jede Pflege mit etwas Schönem – einem Leckerli, einem kurzen Spiel oder einer Kuscheleinheit. So wird das Kämmen Schritt für Schritt zur Gewohnheit.

Tipp
Gestalte die Zeit der Pflege positiv, damit es dein Hund genießen kann.

Pfoten reinigen

Nach Spaziergängen wirst du oft die Pfoten säubern müssen – ob mit einem feuchten Tuch, einer kleinen Pfotendusche oder einfach per Hand. Berühre regelmäßig seine Pfoten spielerisch und kurz, auch zwischen den Zehen. So lernt er, dass es ganz normal ist, wenn du ihn dort anfasst.

Augen und Schnauze anschauen

Gerade wenn sich mal etwas im Gesicht festsetzt, ist es wichtig, dass dein Welpe dir auch in diesem sensiblen Bereich vertraut. Streiche sanft über seine Stirn und zwischen die Augen, berühre spielerisch die Schnauze. Wenn er ruhig bleibt, lobe ihn leise oder streichel ihn. Halte die Übung kurz und positiv – wie ein kleines Spiel.

2

3

Ohren und Rute berühren

Auch Ohrenpflege oder ein kurzes Nachsehen am Rücken oder an der Rute gehören dazu. Fass ihn sanft an diesen Stellen an, ohne ihn festzuhalten oder zu bedrängen. Nimm jede Berührung als kleine Übung – nicht zur Kontrolle, sondern zur Vertrauensbildung.

Krallenpflege

Auch die Krallen deines Welpen brauchen von Anfang an Aufmerksamkeit. In der Regel nutzen sie sich beim Laufen auf hartem Untergrund ab. Doch gerade bei jungen, wenig aktiven Hunden oder ständigem Laufen auf weichen Untergründen kann es sein, dass sie zu lang werden. Wie schnell die Krallen wachsen, ist übrigens von Hund zu Hund unterschiedlich. Ein guter Hinweis, dass es Zeit für das Kürzen ist: Hörst oder siehst du beim Laufen, dass die Krallen den Boden berühren, dann wird es Zeit, sie vorsichtig zu schneiden oder zu schleifen. Damit das Krallenschneiden kein Stressfaktor wird, ist es sinnvoll, deinen Welpen behutsam daran zu gewöhnen. Streiche regelmäßig über seine Pfoten, halte sie sanft fest, zeige ihm entspannt die Krallenzange, ohne sofort zu schneiden. Baue das Training auch gern mit Leckerli auf, so verknüpft er gleichzeitig etwas Positives damit. So entsteht Vertrauen.
Bist du unsicher, lass dir den ersten Schnitt von deiner Tierarztpraxis oder in einem Hundefriseursalon zeigen. Wichtig ist: Kein Druck, kein Zwang. Mit Ruhe und in kleinen Schritten wird auch das zur Selbstverständlichkeit.

Leinenführigkeit – ein gemeinsamer Lernweg

Eine Frage, die sich viele frischgebackene Hundehalter:innen stellen, ist: Halsband oder doch Geschirr – was eignet sich für mich und meinen Hund besser?

Ein gut sitzendes Halsband ist oft angenehmer zu tragen, besonders in ruhigen Situationen oder beim Freilauf.

Diese Frage ist absolut berechtigt – vor allem dann, wenn du gerade erst damit beginnst, dich mit all den neuen Themen rund um deinen Hund auseinanderzusetzen.
Fakt ist: Ganz ohne Halsband oder Geschirr geht es nicht. Du brauchst eine gute und sichere Möglichkeit, deinen Hund zu führen – und deshalb lohnt es sich, sich mit dieser Entscheidung etwas intensiver zu beschäftigen. Denn so harmlos es auf den ersten Blick erscheinen mag, ein unsensibler oder unpassender Umgang mit Leine und Führhilfe kann bei deinem Hund zu Schmerzen oder sogar zu Verletzungen führen. Nicht jedes Halsband ist gut, und auch nicht jedes Geschirr passt automatisch zu jedem Hund. Es kommt – wie so oft – auf viele kleine Details an. Je nach Körperbau, Alter, Temperament und sensibler Entwicklung deines Hundes kann es sein, dass entweder ein gut sitzendes Halsband oder ein individuell angepasstes Geschirr die bessere Wahl ist. In manchen Fällen bleibt sogar nur eine der beiden Varianten, weil die Anatomie deines Hundes bestimmte Anforderungen mit sich bringt.
Da dir das Wohl deines Hundes am Herzen liegt, ist es wichtig, dass du diese Entscheidung bewusst und gut informiert triffst. Und weil ich

Für entspannte Spaziergänge – ohne Ziehen – eignet sich ein Halsband sehr gut.

weiß, dass das manchmal gar nicht so einfach ist, nehme ich dich in diesem Kapitel mit auf eine kleine Reise durch die Unterschiede, Vor- und Nachteile beider Varianten. Denn am Ende zählt nur eines: dass du deinem Hund mit Sicherheit, Klarheit und liebevoller Führung zur Seite stehst, bei jedem gemeinsamen Schritt an der Leine.

DAS HUNDEHALSBAND

Ein Halsband ist schlicht, praktisch und schnell angelegt. Viele Hundehaltende entscheiden sich zunächst für diese Variante, weil sie unkompliziert erscheint. Doch auch bei einem Halsband ist es wichtig, ganz genau hinzuschauen. Denn: Sitzt es zu locker, kann dein Hund sich herauswinden. Sitzt es zu eng oder reibt an empfindlichen Stellen, kann es zu Druckstellen oder sogar Schmerzen führen, besonders bei einem jungen Hund, dessen Körper sich noch im Wachstum befindet.

Entscheidest du dich für ein Halsband, achte bitte darauf, dass es weich unterlegt ist und sich angenehm anfühlt. Es sollte so sitzen, dass du zwei Finger zwischen Hals und Band schieben kannst, nicht mehr und nicht weniger. Der Verschluss sollte stabil, aber leicht zu öffnen sein, falls es einmal notwendig ist.

KEIN ZUGHALSBAND!

Wähle ein Halsband, das keine Zugverstärker hat – also keine Variante, die sich bei Zug automatisch zusammenzieht. Solche Modelle verursachen bei deinem Hund nicht nur Stress, sondern im schlimmsten Fall auch körperliche Schäden im Bereich der Halswirbelsäule, der Luftröhre oder der empfindlichen Nackenmuskulatur. Diese Körperregion ist bei Welpen besonders sensibel, und jede unsachgemäße Belastung kann langfristige Folgen haben.

Wie muss das Halsband sitzen?

Beim Anlegen des Hundehalsbandes kannst du dich dauerhaft an dieser Faustregel orientieren: Wenn bei dem umgelegten und verschlossenen Halsband zwei Finger Platz finden, dann sitzt es nahtlos richtig. Für das richtige Sitzen kommen aber noch weitere Faktoren hinzu, die eine wichtige Rolle spielen:

– Bitte verhindere, dass das Halsband in bestimmten Situationen die Möglichkeit hat, über den Kopf zu rutschen.

– Behalte im Hinterkopf, dass bei bestimmten Hunderassen, z. B. dem Shar Pei, besonderer Handlungsbedarf gilt. Aufgrund des Hautüberschusses bei dieser Hunderasse können Positionswechsel die Folge sein, sodass sich das Halsband schnell lockert und über den Kopf rutscht.

– Ebenso zeigen manche Hunde bei unvorhersehbaren und unerwarteten Umwelteinflüssen zum Teil verunsichertes und ängstliches Verhalten. So kann es hin und wieder passieren, dass sich die Tiere auf Grund ihrer Bewegungen aus einem normal sitzenden Halsband winden. Nur hier empfehle ich ein Zughalsband mit integriertem Stoppmechanismus. Dieser ist entsprechend so einzustellen, dass das Halsband nicht über den Kopf rutschen kann und die Sicherheit des Tieres so gewährleistet ist. Wenn Halsband, dann bitte mit Bedacht – und nur als ruhige, sichere Führhilfe bei entspannter Leinenführung. Für das Training selbst oder für sehr lebhafte Welpen, die gern mal in die Leine springen, empfehle ich ein gut angepasstes Geschirr.

DAS HUNDEGESCHIRR

Ein gut sitzendes Hundegeschirr ist besonders für Welpen und junge Hunde eine sehr gute Wahl. Gerade in der ersten Zeit eures gemeinsamen Weges ist ein Geschirr oft die schonendere Lösung, weil es die empfindlichen Bereiche am Hals entlastet. Viele Welpen ziehen zu Beginn unbewusst an der Leine oder springen in

Zieht dein Welpe oder regt sich schnell auf, ist ein gut sitzendes Geschirr die bessere Wahl.

eine Richtung, wenn sie etwas Spannendes entdecken – und genau hier schützt das Geschirr deinen kleinen Schützling zuverlässig.
Ein Geschirr verteilt den Zug gleichmäßiger über Brustkorb und Schultern, was für deinen Welpen angenehmer ist und das Risiko von Verletzungen deutlich minimiert. Wichtig ist jedoch, dass das Geschirr wirklich gut sitzt. Es sollte nicht in die Achseln schneiden, nicht verrutschen und darf auch nicht scheuern. Viele Fachgeschäfte bieten an, die Passform individuell zu überprüfen – das ist eine Möglichkeit, die du auf jeden Fall nutzen solltest.
Achte darauf, dass das Geschirr leicht ist, sich angenehm anfühlt und nicht zu viele Riemen hat, die deinen Welpen in seiner Bewegungsfreiheit einschränken. Je jünger der Hund, desto wichtiger ist es, dass er sich frei und natürlich bewegen kann. Wenn du merkst, dass dein Welpe versucht, sich aus dem Geschirr zu befreien oder es ihn offensichtlich stört, überprüfe bitte noch einmal die Größe oder das Modell. Manchmal hilft schon ein kleiner Wechsel, damit sich dein Hund sicherer fühlt.
Mit einem Geschirr lässt sich das Training zur Leinenführigkeit oft entspannter gestalten, weil du ruhiger und körpersprachlich feinfühliger einwirken kannst, ohne Druck auf den Halsbereich auszuüben.

Ein passendes Geschirr bietet dir bessere Kontrolle. Dein Welpe kann sich nicht so leicht herauswinden und du kannst ihn stressfrei führen.

Neben dem Panikgeschirr ist auch ein GPS-Tracker sehr zu empfehlen.

Das Panikgeschirr – Sicherheit für ängstliche Hunde

Manche Hunde brauchen draußen einfach ein bisschen mehr Sicherheit. Vielleicht ist dein Hund neu bei dir eingezogen, hat schlimme Erfahrungen gemacht oder ist generell sehr schreckhaft – gerade in unbekannten Situationen oder bei lauten Geräuschen. In solchen Fällen kann ein sogenanntes Panikgeschirr eine wertvolle Hilfe sein.
Ein Panikgeschirr unterscheidet sich in einem wichtigen Punkt von herkömmlichen Geschirren: Es besitzt einen zusätzlichen Bauchgurt, der dafür sorgt, dass sich dein Hund nicht aus dem Geschirr herauswinden kann. Genau das passiert bei Angsthunden nämlich leider häufiger. In einer Schrecksekunde ducken sie sich ab, drehen sich blitzschnell und sind – ehe man reagieren kann – aus dem normalen Geschirr geschlüpft. Das ist nicht nur ein Schockmoment für dich, sondern kann auch lebensgefährlich für deinen Hund werden. Das Panikgeschirr gibt euch beiden Sicherheit. Es bietet Halt, ohne einzuengen, und gibt dir das gute Gefühl, dass dein Hund in deiner Nähe bleibt – auch wenn ihn draußen einmal etwas überfordert. Diese Art von Geschirr ist besonders für Hunde zu empfehlen, die gerade erst aus dem Tierschutz kommen, eine neue Umgebung kennenlernen oder generell draußen schnell in Panik verfallen.
Wenn du bemerkst, dass dein Hund unsicher auf Umweltreize reagiert, schnell erschrickt oder beim Spaziergang sehr angespannt wirkt, kann ein Panikgeschirr ein sinnvoller Begleiter für euch sein. Es hilft nicht nur, gefährliche Situationen zu vermeiden, sondern unterstützt auch dein Training auf eine ruhige und kontrollierte Weise.
Wichtig ist: Das Panikgeschirr sollte ebenso wie jedes andere gut sitzen. Es darf nicht scheuern, zu eng sein oder an den falschen Stellen Druck ausüben. Lass dich am besten im Fachhandel beraten oder nimm dir die Zeit, verschiedene Modelle anzuprobieren. Mit einem gut angepassten Panikgeschirr und deiner Nähe als sicherer Anker kann dein Hund nach und nach mehr Vertrauen in die große Welt da draußen fassen.

1

2

1. Ein gut sitzendes Geschirr schützt ihn beim Schleppleinentraining vor Verletzungen am Hals, vor allem, wenn er mal in die Leine springt.

2. Die Kombination aus Geschirr und langer Leine gibt deinem Welpen Bewegungsfreiheit und dir die Kontrolle. So lernt er, sich auch auf Distanz an dir zu orientieren.

Das Hundegeschirr aus Sicht der Sicherheit

Wenn du mit deinem **Hund im Auto** unterwegs bist, solltest du auf jeden Fall ein gut sitzendes Geschirr verwenden und ihn sicher auf der Rückbank anschnallen. Gerade bei plötzlichem Bremsen oder einem Unfall schützt du ihn so deutlich besser.
Ein Halsband könnte bei einem Aufprall zu ernsthaften Verletzungen im empfindlichen Halsbereich führen, das Geschirr bietet hier deutlich mehr Sicherheit und verteilt den Druck auf eine größere Fläche.
Auch beim **Training mit der Schleppleine** solltest du auf keinen Fall auf ein Geschirr verzichten. Kommt es zu einem plötzlichen Ruck, wird dieser durch ein Halsband direkt auf den Nacken und Kehlkopf deines Hundes übertragen. Das kann sehr schmerzhaft und auf Dauer gesundheitsschädlich sein. Mit einem passenden Geschirr lässt sich diese Belastung gut abfedern und dein Hund kann sich freier und geschützter bewegen.

Vielleicht hast du auch schon einmal mit dem Gedanken gespielt, eine **Flexi-Leine** zu nutzen. Diese ist in vielen Haushalten zu finden, jedoch solltest du hier besonders achtsam sein. Eine Flexi-Leine verleiht deinem Hund das Gefühl, dass er sich auf Distanz bewegen kann, wann immer er möchte. Für viele Hunde ist das spannend, doch es kann das eigentliche Leinentraining empfindlich stören. Denn sie lernen dabei, dass es sich lohnt, an der Leine zu ziehen, um weiter nach vorn zu gelangen. Das kann sich so tief festsetzen, dass du im späteren Training große Mühe haben wirst, eine entspannte Leinenführigkeit aufzubauen.
Wenn du dich für eine Flexi-Leine entscheidest, dann achte bitte darauf, dass du sie bewusst und gezielt einsetzt. Sie ersetzt kein Leinenführigkeitstraining und sollte nur dort genutzt werden, wo dein Hund mit der Umgebung gut zurechtkommt und du keine engen, unübersichtlichen Wege zu meistern hast.

1

2

1. Halte ein Leckerli vor das Geschirr, dorthin, wo dein Welpe den Kopf hindurchstecken soll.
2. Warte geduldig, bis er von sich aus den Kopf durch das Geschirr steckt.
3. Jetzt bekommt er sofort eine Belohnung und verknüpft das Anziehen positiv.

SO GEWÖHNST DU DEINEN WELPEN AN HALSBAND UND GESCHIRR

Damit dein kleiner Begleiter sich an dieses neue Gefühl gewöhnen kann, ist es sinnvoll, ihm das jeweilige Equipment über den Tag verteilt immer wieder anzulegen – natürlich nur, solange er sich damit wohlfühlt. Und weil Welpen gern ausprobieren, was sich mit den neuen Dingen so alles anstellen lässt, lohnt es sich, am Anfang vielleicht auf ein einfacheres Modell zurückzugreifen, ohne viel Schnickschnack, aber funktional und bequem. So bist du nicht allzu enttäuscht, falls doch einmal daran geknabbert oder gekratzt wird.
Wenn du bemerkst, dass sich dein Welpe mit dem Tragen wohlfühlt und sich entspannt damit bewegen kann, darfst du es ihm zwischendurch auch wieder abnehmen – vor allem dann, wenn ihr euch in der Wohnung aufhaltet und keine Leine gebraucht wird. Damit dein Welpe sich später auch problemlos das Halsband oder Geschirr überziehen lässt, empfiehlt sich ein sanftes, ruhiges Anziehtraining. Beginne frühzeitig damit, das Anlegen in kleinen Schritten zu üben, zum Beispiel mit einem kurzen Moment über den Kopf ziehen – am besten verbunden mit einer kleinen Belohnung oder deiner ruhigen Stimme zur Bestätigung.
Hat dein Welpe einmal gelernt, dass das Halsband nichts Unangenehmes bedeutet, wird es dir später auch leichter fallen, ihm andere Dinge wie ein Geschirr oder einen kleinen Hundemantel anzuziehen, etwa bei Regen oder Kälte.

Beobachte deinen Welpen aufmerksam

Wirkt er entspannt und neugierig, seid ihr auf einem sehr guten Weg. Sollte er sich jedoch plötzlich ducken oder dem Anziehen ausweichen, lohnt sich ein genauer Blick. Manchmal steckt hinter diesem Verhalten Unsicherheit oder auch eine Beeinträchtigung des Sehvermögens, die vorsichtshalber einmal vom Tierarzt abgeklärt werden sollte.

3

Denk immer daran: je mehr Sicherheit und Vertrauen du vermittelst, desto entspannter wird dein Welpe lernen, sich auf Neues einzulassen.

BRAUCHT MEIN HUND EINEN MANTEL?

Vielleicht hast du dich schon gefragt, ob dein Hund im Winter oder bei nasskaltem Wetter einen Mantel braucht. Die Antwort darauf ist nicht pauschal, sie hängt stark vom individuellen Bedürfnis deines Hundes ab. Und genau hier darfst du einmal ganz genau hinschauen.
Manche Hunde sind von Natur aus mit einem dichten, isolierenden Fell ausgestattet und trotzen Wind und Wetter ganz ohne zusätzliche Hilfe. Andere hingegen – vor allem Welpen, ältere Hunde oder sehr schlanke Rassen mit wenig Unterwolle – frieren schnell und sind dankbar über einen wärmenden Schutz. Auch kurzhaarige Hunde, Hunde mit Vorerkrankungen oder frisch geschorene Tiere profitieren häufig von einem gut sitzenden Mantel.

Wenn du bemerkst, dass dein Hund draußen zittert, sich vermehrt zusammenkrümmt oder schnell wieder ins Warme möchte, dann darfst du ihm ruhig etwas Gutes tun und ihm einen Mantel anziehen. Damit hilfst du ihm, sich auch bei niedrigen Temperaturen wohlzufühlen, und sorgst gleichzeitig dafür, dass eure gemeinsamen Spaziergänge entspannt bleiben.

Auch das Anziehen eines Mantels lässt sich auf dieselbe Art ganz entspannt trainieren.

Auswahl des passenden Mantels

Worauf du bei der Auswahl unbedingt achten solltest: weniger ist manchmal mehr. Entscheide dich lieber für ein Modell, das nicht nur hübsch aussieht, sondern vor allem bequem sitzt und ausreichend Bewegungsfreiheit lässt. Der Mantel sollte weder einschneiden noch verrutschen und möglichst wasserabweisend sein. Denn klamme Nässe ist oft noch unangenehmer als trockene Kälte.
Nimm dir also die Zeit, in Ruhe zu prüfen, was dein Welpe braucht. Nicht jeder Vierbeiner liebt Kleidung, aber mit einem sanften Gewöhnungsprozess und deiner Unterstützung kann auch ein Mantel zu etwas werden, das dein Hund mit Geborgenheit und Schutz verbindet.

LEINENFÜHRIGKEITS-TRAINING – GEMEINSAM LERNEN

Das Training an der Leine ist eine wunderbare Möglichkeit für dich und deinen Welpen, eure Bindung zu stärken. Es zeigt ihm, dass er sich auf dich verlassen kann – bei jedem Schritt, den ihr gemeinsam geht. Damit das Training gut gelingt, habe ich dir die folgenden Übungen in einzelne Etappen aufgeteilt. Nimm dir dafür bitte Zeit. Beginnt in kleinen Schritten und baut das Vertrauen und die Orientierung nach dir Stück für Stück auf.

DIE ERSTEN SECHS SPAZIERGÄNGE

1. Spaziergang – der Einstieg

Schritt 1: Beginne euren ersten Trainingsspaziergang in einer Umgebung, die dein Welpe kennt. Geh mit ihm an der Leine los und begib dich dann auf Augenhöhe – knie dich zu ihm. Zeig ihm, dass du Futter dabei hast, und dass er es sich bei dir abholen darf. Dies ist euer erstes gemeinsames Zeichen: Bei dir gibt es Sicherheit und etwas Leckeres.
Schritt 2: Lauft nun langsam los. Jedes Mal, wenn dein Welpe sich zu dir umdreht oder deinen Blick sucht, gib ihm kommentarlos ein kleines Stück Futter – aber nur, wenn er neben dir läuft. So lernt er: Orientierung an dir lohnt sich.
Schritt 3: Taucht ein Reiz auf – ein Geräusch, eine Bewegung, ein anderer Hund – unterstütze deinen Welpen, indem du dich ruhig zwischen ihn und den Reiz stellst. So vermittelst du Sicherheit. Sobald dein Welpe sich wieder dir zuwendet, gib ihm Futter als Bestätigung.

1

2

3

4

1. Eine ruhige Umgebung sorgt für Orientierung.

2. Sucht er deinen Blick oder bleibt in deiner Nähe? Belohne genau diese Momente.

3. Die Leine ist nur eine Verbindung – echte Führung entsteht durch deine Ruhe und Klarheit.

4. So entsteht die Grundlage für vertrauensvolle Spaziergänge.

Führe deinen Welpen, nicht umgekehrt. Nur wenn er sich an dir orientieren darf, kann er echte Sicherheit entwickeln.

2. Spaziergang – Begrenzung und Nähe

Schritt 4: Möchte dein Welpe beim Verlassen des Hauses vorpreschen, begrenze ihn liebevoll mit deinem Bein, indem du es leicht vor ihn stellst. Damit signalisierst du: *„Wir gehen gemeinsam. Ich bestimme das Tempo.“* Wiederhole das ruhig öfter – besonders, wenn du merkst, dass er Unterstützung braucht.

Schritt 5: Halte die Leine so kurz, dass dein Welpe in deiner Nähe bleibt. So verinnerlicht er, dass ihr zusammengehört, und dass du ihm Sicherheit gibst, wenn er bei dir bleibt.

Schritt 6: Springt dein Welpe vor Aufregung hoch, warte ab, bis er mit allen Pfoten auf dem Boden steht, bevor du ihn fütterst. So lernt er: Ruhiges Verhalten bringt Belohnung.

3. Spaziergang – Wiederholung und Sicherheit

Schritt 7: Begrenze ihn erneut an der Haustür. Gib deinem Welpen Orientierung – bei jedem Schritt.

Schritt 8: Möchte dein Welpe sich lösen, begleite ihn achtsam. Auch danach: Wenn er sich wieder dir zuwendet, belohne ihn. Du stärkst so seine Rückversicherung zu dir.

Schritt 9: Wählt für diesen Spaziergang die euch bekannte Route. Bestärke jeden Blick, jedes Innehalten, jedes *„Ich schau mal, ob du noch da bist“* mit Futter. Damit festigt sich die Leinenführigkeit ganz nebenbei.

BELOHNUNG

Fülle deine Jackentasche oder dein Futterbeutel mit mehr Futter, als du brauchst – lieber zu viel als zu wenig. Achte natürlich darauf, dass die Gesamtmenge zur Tagesration passt. Passe die Länge des Trainingsspaziergangs an deine Futtermenge an.

ROUTINEN FESTIGEN

4. Spaziergang – Morgenrunde mit Struktur

Schritt 11: Gerade morgens ist die erste Runde besonders wichtig. Gib deinem Welpen die Möglichkeit, sich zu lösen. Lass ihn auch kurz schnüffeln, das entspannt. Kommt der Blick zu dir zurück? Super! Belohne diesen sofort.

Schritt 12: Dein Welpe soll selbst lernen, sich an dir zu orientieren. Ruf ihn nicht ständig. Erkenne, wenn er von sich aus zu dir schaut, das ist der Moment zum Belohnen.

Schritt 13: Es gibt gute und weniger gute Tage – das ist okay. Akzeptiere Rückschritte. Nutze deine Körpersprache, um ihn bei Überforderung wieder zurück ins Training zu holen. Sei dabei liebevoll konsequent und geduldig.

Schritt 14: Bestimme das Ende des Spaziergangs, so lernt dein Welpe: Du gibst den Rahmen, du bist die verlässliche Führung.

Schritt 15: Behalte die bekannte Route bei. Dein Welpe braucht jetzt vor allem Struktur. Biete kleine Wiederholungen an, halte den Ablauf vorhersehbar. So entsteht innere Ruhe.

1

2

3

1. Für deinen Welpen ist alles neu: Geräusche, Gerüche und Bewegungen.

2. Bleib geduldig, dieses Training ist echte Lernarbeit für ihn.

3. Futter kann helfen, den Blick deines Welpen wieder auf dich zu lenken.

1

2

NEUE WEGE WAGEN

5. Spaziergang – Mut zur Veränderung

Schritt 16: Hat dein Welpe einen guten Tag und ist sehr aufmerksam, darfst du die gewohnte Route leicht abwandeln. Geh zunächst wie gewohnt los und biege dann z. B. in eine neue Abzweigung ein.

Schritt 17: In neuen Situationen ist dein Welpe auf deine Präsenz angewiesen. Sei ansprechbar. Begrenze ihn sanft mit der Leine, wenn nötig. Biete ihm die Möglichkeit, sich zu lösen.

Schritt 18: Lass ihm sein Tempo. Nicht du bestimmst heute die Geschwindigkeit, sondern er. Das ist besonders wichtig, wenn ihr euch auf unbekanntem Terrain bewegt.

Schritt 19: Kommt ihr in aufregendere Gegenden, beobachte deinen Hund genau. Nervöses Laufen, gesträubtes Fell, schnelle Bewegungen – all das kann ein Zeichen für Unsicherheit sein. Unterstütze deinen Welpen liebevoll, indem du ihm kleine Pausen anbietest und die Situation entschleunigst.

Du kannst auch ganz praktisch für ihn „mitdenken“: Kommt euch z. B. auf einem engen Weg ein anderer Hund entgegen und du merkst, dass dein Welpe unsicher wird, stelle dich ruhig zwischen ihn und den anderen Hund. Dein Körper wirkt wie ein Schutzschild – so signalisierst du: *„Ich habe das im Blick, du kannst dich entspannen.“*
Oder: An einer lauten Straße bleibt ihr stehen und dein Welpe zögert? Stell dich leicht seitlich vor ihn, biete ihm deine ruhige Nähe und gib ihm Zeit, sich zu orientieren.
Solche kleinen Gesten – scheinbar unspektakulär – geben deinem Welpen enorme Sicherheit. Du zeigst ihm: *„Du musst das nicht allein regeln, ich bin immer an deiner Seite.“*

MIT ANDEREN UNTERWEGS

6. Spaziergang – Teamwork mit Ablenkung

Schritt 20: Ein Spaziergang mit einer weiteren Person und einem anderen Hund bringt viele neue Eindrücke. Dein Welpe wird vermutlich aufgeregt sein. Lass ihn erst einmal schauen. Belohne jeden Blick zu dir – das gibt Orientierung.
Schritt 21: Achte auf dein Gefühl: Wird es deinem Welpen zu viel? Nimm Tempo raus, bleib stehen, warte, atme. Solche Situationen zeigen dir, woran ihr noch arbeiten dürft – liebevoll und ohne Druck.
Schritt 22: Verunsichern veränderte Abläufe deinen Welpen, dann macht sie zu Übungseinheiten. Geht sie bewusst und regelmäßig an.

LEINENFÜHRIGKEIT AUF BEIDEN SEITEN

Bring deinem Welpen bei, sowohl rechts als auch links neben dir laufen zu können. Wechsle beim Spazieren gelegentlich die Seite, so lernt er Flexibilität. Früher war die linke Seite die sogenannte Führseite, was noch aus der Jagd stammt (hier wird die Flinte rechts getragen und der Hund links geführt). Doch heutzutage ist es sehr hilfreich, den Hund auf der von entgegenkommenden Menschen oder Hunden abgewandten Seite zu führen. Das ist jedoch meist bei entgegenkommenden Menschen unsere rechte Seite. Mit der Zeit wird er eine Lieblingsseite entwickeln, aber du hast dann das Fundament gelegt, ihn auf beiden Seiten führen zu können.
Bitte bedenke: Die von mir beschriebene Anleitung ist eine allgemeine Orientierungshilfe. Jeder Welpe ist anders, und das ist auch gut so. Wenn du spürst, dass einzelne Schritte für deinen kleinen Begleiter zu schnell gehen, passe das Tempo unbedingt an seine Bedürfnisse an. Es zählt nicht, wie schnell ihr vorankommt, sondern dass ihr gemeinsam, in eurem Tempo, vertrauensvoll und sicher durchs Training geht.

1. Verlasst ihr vertraute Wege, darf sich dein Welpe erneut rückversichern.

2. In neuer Umgebung hilft oft ein bisschen mehr Bestätigung.

LEINENFOLGETRAINING – DIE EINZELNEN SCHRITTE

Bevor du mit dem Leinenfolgetraining beginnst, sollte dein Welpe bereits die Grundlagen der Leinenführigkeit kennengelernt und erste Sicherheit im Spaziergang an deiner Seite gewonnen haben. Das Leinenführigkeitstraining legt den Grundstein – das Leinenfolgetraining führt diesen Weg weiter. Beide Trainingsarten bilden gemeinsam die stabile Basis für den nächsten großen Schritt: das sichere Ableinen deines Hundes in geeigneten Situationen.

Schritt 1: Wähle eine gut passende Leine für euer gemeinsames Training. Ich persönlich nutze gern eine Joggingleine mit einem integrierten Gummizug am Ende. Dieser wirkt wie ein kleiner Stoßdämpfer und schützt deinen Welpen vor Verletzungen, wenn er sich plötzlich in die Leine wirft oder es zu einer ruckartigen Bewegung kommt. Nutze außerdem unbedingt ein Geschirr, damit dein Welpe den Unterschied zum Leinentraining auseinanderhalten kann. Unser Ziel ist es, deinem Hund Sicherheit zu bieten – körperlich wie emotional.

Schritt 2: Beginne das Training auf einem bekannten Weg, den dein Welpe schon kennt. Du kannst gern etwas von seinem Lieblingsfutter mitnehmen und griffbereit in deiner Jackentasche aufbewahren. Gib deinem

1. Die Leinenfolge vertieft die Verbindung zwischen euch und bereitet das Ableinen vor.

2. Leinenfolge bedeutet: gemeinsam gehen – nicht an der Leine, sondern miteinander. Du führst nicht durch Zug, sondern durch Ruhe, Präsenz und Klarheit.

1

2

Welpen beim Spazieren mehr Raum an der Leine, damit er sich ausprobieren kann. Wenn er sich aus freien Stücken wieder zu dir orientiert und an deine Seite zurückkommt, belohne ihn liebevoll mit einem kleinen Futterstück. So lernt er ganz nebenbei: Es lohnt sich, sich an dir zu orientieren.

Schritt 3: Du gibst den Weg vor. Achte bewusst darauf, dass dein Welpe nicht entscheidet, in welche Richtung es geht. Es geht hierbei nicht um Dominanz, sondern darum, ihm die Sicherheit zu geben, dass du den Überblick behältst. Diese Klarheit hilft ihm, dich als verlässlichen Partner wahrzunehmen – jemand, dem er vertrauen kann.

Schritt 4: Bestätige deinen Welpen immer dann mit Futter, wenn er sich wieder bewusst zu dir bewegt. Mit dieser kleinen Belohnung lernt er, dass du seine erste Orientierung sein darfst und er sich bei Unsicherheit an dir festhalten kann – ein schönes Gefühl für euch beide.

Schritt 5: Wählt nun einen neuen Weg. Vielleicht einen, den ihr bisher noch nie gemeinsam gegangen seid. Du wirst merken, dass dein Welpe nun aufmerksamer, aber auch aufgeregter ist. Neue Gerüche, neue Geräusche – alles wirkt spannender. Bleib ruhig, gib ihm die Zeit und vergiss nicht, ihn jedes Mal zu loben, wenn er sich wieder an dir orientiert.

3. Änderst du die Richtung und dein Welpe geht von sich aus mit, darfst du das ruhig mit Futter belohnen.

4. Durch das Folgen zeigt er dir, dass er sich an dir orientiert.

3

4

1

1. Rückschritte gehören dazu! Vielleicht waren deine Signale auch nicht ganz eindeutig.

2. Erkennst du, woran es liegt, kannst du eure Trainingsschritte anpassen.

3. Schlage gemeinsam mit deinem Welpen den passenden Weg ein.

Schritt 6: Gib euch beiden die Erlaubnis, dass es Zeit brauchen darf. Nimm Druck heraus und erinnere dich: Training ist kein Wettlauf. Wenn dein Welpe in einer Situation überfordert ist und nicht mehr zu dir findet, dann geh ruhig zu ihm, hole ihn ab und unterstütze ihn liebevoll. Nicht er muss es allein schaffen – ihr seid ein Team.
Schritt 7: Tausche beim Spaziergang auch mal die Seiten, auf denen dein Welpe geht. Anfangs wird ihn das etwas durcheinanderbringen, aber genau hier liegt der Lerneffekt. Mit der Zeit wird er sich auf beiden Seiten sicher fühlen.

Schritt 8: Kommt ein lautes Geräusch oder eine andere Ablenkung, ändere ruhig mal die Richtung. So hilfst du deinem Welpen, wieder bei dir anzukommen. Sollte er sehr aufgeregt sein, bleib bei ihm, halte die Leine kürzer und biete ihm damit Schutz. Und wenn er dann wieder den Blick zu dir sucht – lobe ihn, auch wenn es „nur" ein kurzer Moment ist.
Schritt 9: Sollte dein Welpe auf einen Reiz wie einen anderen Hund oder ein Geräusch fixiert sein, stelle ruhig dein Bein zwischen ihn und den Auslöser. Das hilft ihm, sich wieder auf dich zu konzentrieren. Durch

deine Haltung zeigst du ihm: *„Ich regle das für uns. Du darfst entspannen."*
Schritt 10: Freu dich über jeden kleinen Fortschritt und akzeptiere, dass es auch Rückschritte geben wird. Dein Welpe lernt nicht in einer geraden Linie – so wie wir Menschen auch nicht. Was zählt, ist, dass ihr gemeinsam weitergeht.
Schritt 11: Wiederholung ist der Schlüssel. Mit liebevoller Geduld, achtsamer Beobachtung und einer Prise Humor werdet ihr gemeinsam viel erreichen. Dein Welpe lernt, dass es sich lohnt, sich an dir zu orientieren, und du lernst, wie tief euer Band werden kann.

MEIN FAZIT ZU HALSBAND UND GESCHIRR

Für kleine Hunderassen reicht oft ein gut sitzendes, bequemes Geschirr. Bei größeren Hunden hingegen kann es sinnvoll sein, ihn sowohl an ein Halsband als auch an ein Geschirr zu gewöhnen – je nachdem, was euch im Alltag besser begleitet.

Für das Leinentraining ist ein Halsband oft die bessere Wahl, weil die Befestigung näher am Körper ist und dein Hund nicht in seiner Bewegung eingeschränkt wird. Ein zu weit hinten liegender Leinenansatz – wie es bei vielen Geschirren der Fall ist – kann langfristig den Bewegungsapparat schädigen. Je größer dein Hund, desto bedeutender wird dieser Aspekt.

2

3

WANN DARF MEIN WELPE VON DER LEINE?

Diese Frage stellen sich viele frischgebackene Hundehaltende. Und das ist auch gut so, denn der richtige Zeitpunkt will wohlüberlegt sein. Es geht dabei nicht um ein bestimmtes Alter oder eine bestimmte Trainingswoche, sondern vielmehr darum, wie sicher sich dein Welpe bereits an deiner Seite fühlt, wie gut eure Kommunikation im Alltag funktioniert und wie aufmerksam er ist.

Ein guter Hinweis ist: **Dein Welpe sollte sich an der Leine zuverlässig an dir orientieren.** Probiere dies gern aus, indem du während eures Spaziergangs einfach mal dein Tempo änderst oder plötzlich stehen bleibst. Beobachte genau, ob dein Welpe von sich aus auf dich achtet, vielleicht sogar Blickkontakt sucht oder sich deinem Tempo anpasst. Wenn das regelmäßig der Fall ist, dann habt ihr eine wichtige Grundlage geschaffen.

1

1. Jeder Trainingsschritt ist ein Baustein eurer gemeinsamen Sicherheit.

2. Nur wenn du nichts überspringst, kann dein Welpe auch im Freilauf lernen, sich an dir zu orientieren.

3. Freilauf heißt nicht Freiraum ohne Verbindung – bleibt in Kontakt, auch auf Abstand."

2

3

Ableinen des Welpen

Bevor du ihn wirklich das erste Mal ableinst, empfehle ich dir, mit einem klaren Signal zu arbeiten – ein Wort oder ein kurzer Satz, der deinem Hund zeigt: *„Jetzt darfst du loslaufen."* So vermeidest du, dass er direkt losschießt, sobald der Karabinerhaken klickt. Das schafft Ruhe, Vertrauen und gibt ihm eine klare Orientierung. Du kannst ihn dabei stehen oder aber auch sitzen lassen. Das ist bei quirligen Welpen einfacher. Sage z. B. „Ableinen", klicke den Karabiner aus dem Geschirr, lass ihn nochmals kurz warten und gib ihn dann mit einem Wort, z. B. „Lauf" frei.

Die Leine ist nicht nur ein Mittel zur Sicherheit, sondern auch ein Band der Verbindung. Erst wenn dein Welpe auch mit Leine verstanden hat, dass du der ruhende Pol bist, an dem er sich jederzeit orientieren kann, wird er diese Verbindung auch ohne die Leine halten können.

Hab also Geduld, baue die Orientierung langsam und schrittweise auf und übe gemeinsam mit deinem Hund liebevoll weiter. Auch das Rückruftraining spielt dabei eine ganz zentrale Rolle. Wie dieses aufgebaut wird, darauf werde ich noch ausführlich eingehen (siehe S. 136 ff.).

Achte darauf, welche Signale dein Hund dir zeigt. Wirkt er unsicher, halte ihn bei dir und vermeide die Begegnung.

BEGEGNUNGEN AN DER LEINE – EIN SENSIBLES THEMA

Begegnungen mit anderen Hunden sind für deinen Welpen spannend, aber auch herausfordernd. Bitte achte darauf, dass solche Treffen nicht gezielt an der Leine stattfinden. Warum? Ganz einfach: An der Leine ist dein Welpe in seiner Bewegungsfreiheit eingeschränkt. Er kann nicht frei entscheiden, wie er dem anderen Hund begegnet, ob er näher kommen oder sich vielleicht lieber zurückziehen möchte. Diese fehlende Wahlmöglichkeit kann Stress erzeugen, überfordern und langfristig sogar zu unerwünschtem Verhalten führen.
Wenn zwei Hunde sich treffen, dann ist das kein einfaches „Hallo", sondern ein wichtiges Abtasten. Ein Hund möchte sein Gegenüber mit allen Sinnen erfassen, das ist seine Art, Kontakt aufzunehmen. Dieses Verhalten ist normal und gesund. Wird dein Welpe jedoch in eine Situation hineingezwungen, in der er nicht selbst entscheiden darf, wie nah er dem anderen Hund kommen möchte, kann das zu Verunsicherung und Stress führen.

Körpersprachliche Anzeichen

Bitte wirf bei solchen Momenten immer einen aufmerksamen Blick auf die Körpersprache deines Hundes. Besonders die Rute verrät viel: Ein gleichmäßiges Wedeln bedeutet nicht automatisch Freude – oft zeigt es auch, dass dein Welpe innerlich zerrissen ist. Schlägt die Rute schnell zur Seite aus, baut sich dein Hund körperlich auf oder stellt das Fell im Nacken auf, ist das ein klares Zeichen: Hier fühlt er sich nicht wohl und braucht deine Unterstützung.

Zeige deinem Hund, dass du ihn verstehst. Zwinge ihn nicht zu Kontakten, die er nicht möchte – das darf allein seine Entscheidung bleiben.

Gute Begegnungen finden idealerweise mit ruhigeren, gut sozialisierten und meist älteren Hunden statt. Und bitte in einer entspannten Atmosphäre, mit ausreichend Abstand, ganz ohne Leine (siehe auch S. 41).

Hilf deinem Welpen zu lernen, dass er nicht zu jedem Hund hin muss. Je früher er versteht, dass Begegnungen nichts mit Stress oder Zwang zu tun haben, desto entspannter werden eure Spaziergänge in Zukunft verlaufen – auch ohne Leine.

Du kannst deinem Welpen nur dann ein sicherer und verlässlicher Partner sein, wenn du seine Körpersprache lesen lernst. Dein Gespür für seine Signale ist der Schlüssel für ein harmonisches Miteinander.

1. Lass ihn erst dann frei laufen, wenn er sich sichtbar wohl und bereit fühlt.

2. Behalte die Begegnungen aufmerksam im Blick und greife ein, sobald dein Welpe Unterstützung braucht.

1

2

Das Rückruftraining

Der Rückruf ist eines der wichtigsten Signale im Alltag. Er schenkt deinem Hund Freiheit und dir das gute Gefühl, ihn im Ernstfall sicher zurückrufen zu können.

1

Aber: Ein verlässlicher Rückruf ist kein Selbstläufer. Er muss sorgfältig aufgebaut, gut verknüpft und positiv besetzt sein – und das von Anfang an.

WARUM RÜCKRUF SO WICHTIG IST

Stell dir vor, dein Hund läuft ein paar Meter voraus, plötzlich taucht ein anderer Hund auf, ein Fahrradfahrer kommt oder dein Welpe hat etwas Spannendes gewittert. In all diesen Situationen brauchst du ein Werkzeug, auf das du dich verlassen kannst, und das deinem Hund keine Angst macht, sondern Orientierung gibt. Ein gutes Rückruftraining bedeutet nicht, dass dein Hund sofort perfekt „funktioniert". Aber es bedeutet, dass ihr Schritt für Schritt gemeinsam lernt, euch aufeinander zu verlassen – auch in schwierigen Momenten.

SCHRITT FÜR SCHRITT ZUM SICHEREN RÜCKRUF

1. Baue das Rückrufwort positiv auf

Wähle ein Wort, das du bisher nicht im Alltag nutzt, z. B. „Hier" und/ oder einen Pfiff. Dieses Rückrufsignal soll für deinen Hund etwas ganz Besonderes werden. Kein Kommando wie „Sitz", sondern ein Versprechen: *„Wenn du zu mir kommst, lohnt sich das für dich."*
Übung: Rufe deinen Hund in ruhiger Umgebung fröhlich mit deinem gewählten Rückrufwort. Sobald er sich zu dir bewegt, belohne ihn direkt – mit Futter oder ehrlicher Freude.
Wichtig: Sag das Rückrufwort nur dann, wenn du dir ganz sicher bist, dass er auch kommt. Sonst nutzt es sich ab.

Tipp
Mach deinem Welpen immer wieder deutlich, dass deine Nähe etwas Wundervolles ist – auch im Freilauf.

2

3

4

2. Verwende eine Schleppleine

Gerade zu Beginn hilft eine Schleppleine (5 – 10 Meter), um das Verhalten kontrollierbar zu halten. Du gibst deinem Welpen Freiheit und bleibst trotzdem ansprechbar und erreichbar. Läuft dein Hund in eine andere Richtung, locke ihn nicht mit ständigen Wiederholungen seines Namens. Warte besser ab, laufe ein paar Schritte rückwärts, werde spannend, pfeif leise oder hocke dich hin. Erst dann kommt das Rückrufwort und die Belohnung.

Bitte unbedingt vermeiden

– Das Rückrufwort in „Stressmomenten" verwenden, wenn dein Hund es noch nicht sicher kann.
– Den Rückruf mit dem Ende von Spaß und Freiheit verknüpfen (z. B. direkt danach anleinen und nach Hause gehen).
– Schimpfe niemals, wenn dein Welpe schließlich doch zu dir zurückkommt – auch nicht, wenn er zuvor gefühlt zehn Mal nicht gehört hat.

Warum das so wichtig ist?

Aus deiner Sicht war das vielleicht ein kleines Drama, aber aus seiner Perspektive hat er gerade etwas ganz Großes geschafft: Er hat sich am Ende für dich entschieden. Wenn du ihn jetzt schimpfst, lernt er: *„Zurückkommen ist gefährlich"*. Und genau das möchtest du auf keinen Fall.
Freu dich stattdessen ehrlich und nimm dir später Zeit, um zu überlegen, was du beim nächsten Mal anders gestalten kannst (z. B. Ablenkung reduzieren, Abstand verkürzen, Motivation steigern). So bleibt das Vertrauen bestehen und der Rückruf entwickelt sich zu einem sicheren, freudigen Signal.

1. Geh in die Hocke, wenn du deinen Welpen rufst; das wirkt einladend und gibt Sicherheit.

2. Rufe deinen Welpen nur, wenn du dir sicher bist, dass er kommt.

3. Belohne ihn mit Leckerli und ehrlicher Freude.

4. Lernt dein Welpe, dass sich das Zurückkommen zu dir lohnt, wird er voller Freude auf deinen Ruf reagieren.

»Ein Rückruf ist mehr als nur
ein Kommando, er ist der Ausdruck
eurer Beziehung.«

RÜCKRUF BRAUCHT GEDULD – ABER ES LOHNT SICH

Verlässlicher Rückruf ist kein Sprint, sondern ein Langzeitprojekt. Es braucht Zeit, Wiederholungen, echte Verbindung und deine Bereitschaft, nicht aufzugeben, wenn es einmal nicht klappt. Jeder gute Rückruf ist ein Zeichen für Vertrauen. Und dieses Vertrauen wächst mit jedem liebevoll geübten Schritt.

Orientierung ist die Basis

Ein zuverlässiger Rückruf beginnt nicht mit einem Wort, sondern mit einer Haltung.
Bevor du überhaupt ein Rückrufsignal aufbaust, braucht dein Welpe etwas anderes: die Fähigkeit, sich an dir zu orientieren.
Das bedeutet: Er hat gelernt, auf dich zu achten. Immer wieder Blickkontakt aufzunehmen. Sich an deinem Tempo, deiner Richtung und deiner Ausstrahlung zu orientieren.
Diese Orientierung entsteht im Alltag und beim Leinenführigkeitstraining, bei kleinen Spielpausen, bei liebevollen Ansprachen und beim ruhigen Miteinandergehen.
Denn nur, wenn dein Welpe von sich aus gern in deiner Nähe ist, wird er später auch gern und zuverlässig zu dir zurückkommen – nicht aus Angst, sondern aus Vertrauen.
Fazit: Nimm dir die Zeit, den Rückruf richtig aufzubauen. Bleib geduldig, fair und freudig. Denn irgendwann wirst du diesen Moment erleben: Du rufst und dein Hund dreht sich um, mit leuchtenden Augen und rennt in vollem Vertrauen zu dir. Und genau das ist wahre Verbindung.

Verknüpfe den Rückruf mit etwas Positivem, z. B. Leckerli.

Orientierung auf dem Weg lernen

Hier erfährst du, warum ein einfaches Signal vor zu großer Freiheit schützt und du viel entspannter und sicherer in der Natur unterwegs sein kannst!

2

Gerade wenn du gern in der Natur unterwegs bist – im Wald, auf Feldwegen oder in weitläufigen Gebieten – ist es wichtig, dass dein Welpe früh lernt: Wir bleiben gemeinsam auf dem Weg. Und wenn es mal doch zu weit wird, hilft dir ein klares, positiv aufgebautes Signal wie „Raus da", „Zurück" oder „Auf den Weg".

WARUM DAS SO WICHTIG IST

Hunde orientieren sich stark an Bewegungsreizen. Ein Vogel flattert auf, ein Blatt tanzt im Wind – und schon ist der Welpe ein paar Meter im Gebüsch verschwunden. Je mehr sich dieses Verhalten etabliert, desto stärker verknüpft der Hund: Abseits vom Weg ist es spannend und ich darf dorthin.
Darum ist es so hilfreich, von Anfang an mit einer klaren Grenze zu arbeiten, die deinem Welpen Orientierung und Sicherheit gibt. Nicht als Strafe, sondern als liebevolle Erinnerung: *„Bleib bitte bei mir."*

So baust du das Signal auf

1. Beginne in ruhiger Umgebung, z. B. auf einem Feldweg oder Waldpfad.
2. Sobald dein Welpe beginnt, zur Seite auszuscheren, sprich ruhig und freundlich dein Signal: z. B. „Zurück", „Raus da" oder „Weg da" – wie es sich für dich stimmig anfühlt.
3. Sobald dein Welpe wieder auf den Weg zurückkommt, lobst du ihn sofort ruhig und freundlich – gern auch mit einem Leckerli.
4. Wiederhole das immer wieder – in verschiedenen Situationen – so festigt sich die Bedeutung des Signals.
5. Sei vorausschauend! Sag dein Signal am besten, bevor dein Hund weit im Unterholz verschwunden und nicht mehr sichtbar ist, so vermeidest du Fehlverknüpfungen.

1

3

Verknüpfe das Signal mit der Schleppleine

In dieser Phase ist eine Schleppleine dein bester Helfer. Sie gibt dir Sicherheit und dem Hund gleichzeitig Freiheit. Besonders, wenn dein Hund beginnt, Jagdverhalten zu zeigen, kannst du mit der Schleppleine behutsam gegensteuern:

- sanft anhalten,
- Orientierung zurückholen,
- freundlich auf den Weg zurückleiten.

Du zeigst: Ich bin da, ich leite dich – du musst dich nicht selbstständig entscheiden.

RÜCKSICHT NEHMEN – VERANTWORTUNG ZEIGEN

Gerade in der Natur begegnen euch viele neue Eindrücke – und manchmal auch Wildtiere. Besonders in der Brut- und Setzzeit (meist Frühjahr bis Frühsommer) ist besondere Vorsicht geboten: Rehe, Hasen und andere Wildtiere ziehen ihren Nachwuchs groß, und sind in dieser Zeit besonders störungsempfindlich. Auch wenn dein Rückruf schon zuverlässig funktioniert: Bitte nimm deinen Welpen (und später auch den erwachsenen Hund) in solchen Situationen an die Leine. Denn ganz gleich, wie gut das Training läuft, dein Hund ist und bleibt ein Tier mit einem Verhaltenserbe. Und besonders das Jagdverhalten wird in aufregenden Umgebungen schnell aktiviert.
Ein kurzer Sprint kann reichen, um Wildtiere zu gefährden, oder deinen Hund in eine Situation zu bringen, die für ihn oder andere gefährlich ist.
Verantwortung zeigen heißt, vorausschauend handeln. Und gerade in diesen Phasen ist die Leine keine Einschränkung, sondern ein Schutz für alle Beteiligten.

1. In der Natur gibt es für deinen Welpen unendlich viel Spannendes.

2. Umso wichtiger ist es, dass er lernt, bei dir zu bleiben und die Wege nicht zu verlassen.

3. Zeige deinem Welpen, dass Nähe zu dir immer das Beste ist.

Wachstumsschübe und Regressionsphasen

Es gibt diese Tage – oder manchmal auch Wochen – da wirkt dein Welpe wie ausgewechselt. Es scheint, als habe er scheinbar alles vergessen.

Eben hat er noch zuverlässig auf seinen Namen gehört, saß aufmerksam neben dir beim Spaziergang und konnte sich prima konzentrieren ... und plötzlich scheint all das wie weggeblasen. Er bellt, springt in die Leine, vergisst das „Sitz", ist unruhig im Haus oder plötzlich wieder nicht stubenrein. Viele Welpenhalter:innen sind in solchen Momenten verunsichert und fragen sich, ob sie etwas falsch gemacht haben.

CHAOS IM KOPF UND KÖRPER

Diese sogenannten Regressionsphasen sind völlig normal. Sie gehören zum Aufwachsen dazu, genau wie bei kleinen Kindern, die in bestimmten Phasen besonders anhänglich, unkonzentriert oder trotzig werden. Dein Welpe ist kein „Problemhund", nur weil er zwischendurch Dinge vergisst oder sich anders verhält als zuvor. Es bedeutet nicht, dass euer Training umsonst war, sondern dass sich im Inneren deines Hundekindes gerade eine Menge verändert.
Regressionsphasen gehen oft Hand in Hand mit körperlichen Wachstumsschüben, hormonellen Veränderungen oder neuen Entwicklungsstufen. Das Nervensystem sortiert sich neu, die Sinne schärfen sich, die Umwelt wird plötzlich ganz anders wahrgenommen. In solchen Momenten braucht dein Welpe vor allem eines: Stabilität und Sicherheit.

Rückschritt? Nein – Reifung!

So frustrierend es sich anfühlen kann: Rückschritte sind kein Rückschritt im eigentlichen Sinn. Vielmehr sind sie Teil der Reifung – der ganz normale Weg eines jungen Wesens, das sich in seiner Welt zurechtfinden muss. Was heute wie ein Stolperstein wirkt, kann morgen bereits die Grundlage für einen echten Entwicklungssprung sein.

Wie du jetzt gut begleitest

– Behalte eure gewohnten Strukturen bei. Feste Rituale, klare Abläufe und ruhige Wiederholungen helfen deinem Welpen, sich zu orientieren.
– Werde nicht strenger, sondern verständnisvoller. Dein Welpe „macht das nicht mit Absicht", sondern ist schlicht überfordert oder in einer Umbruchphase.
– Lass Trainingsziele für den Moment los. Pausiere neue Herausforderungen und konzentriere dich auf Sicherheit, Nähe und Bindung.

Bleib bei Rückschritten ruhig und geduldig, und halte eure Routine bei.

– Bleib liebevoll konsequent. Regeln und Grenzen geben Halt, sie dürfen bleiben, sollten aber geduldig vermittelt werden.
– Sorge für ausreichend Ruhe. Körper und Gehirn arbeiten auf Hochtouren, Schlaf und Entspannung sind jetzt wichtiger denn je.

Dein Welpe braucht jetzt **Vertrauen statt Druck.** Das Schönste, was du in Regressionsphasen tun kannst, ist: da sein. Verlässlich sein. Geduldig sein. Dein Welpe wird nicht für immer „schwierig" bleiben, aber er braucht dich gerade jetzt als seine Konstante. Und keine Sorge: Was er einmal gelernt hat, bleibt in ihm gespeichert. Es wird wieder zum Vorschein kommen, oft sogar klarer und sicherer als zuvor.

VERTRAUEN IN DIE ENTWICKLUNG

Wachstum ist selten gradlinig – das gilt für deinen Welpen genauso wie für dich als Mensch. Regressionsphasen sind kein Zeichen dafür, dass etwas schiefläuft. Im Gegenteil: Sie zeigen, dass dein Welpe sich entwickelt, dass sein Körper und sein Gehirn arbeiten, dass er innerlich reift.

Gerade in diesen Zeiten, in denen es etwas chaotisch zugeht, kannst du ihm das schenken, was er am meisten braucht: deine Ruhe, deine Führung und dein Vertrauen. Du musst nichts perfekt machen. Du darfst liebevoll begleiten, auch wenn nicht alles sofort klappt. Und du darfst stolz auf euch beide sein – auf das, was ihr schon geschafft habt und auf das, was noch vor euch liegt.

»Jedes kleine Stolpern auf dem Weg gehört zum Wachsen dazu. Und mit dir an seiner Seite wird dein Welpe genau den Halt finden, den er braucht, um daraus stärker hervorzugehen.«

HUNDE SPRECHEN LEISE – MIT IHREM KÖRPER

Jede Haltung, jeder Blick und jede kleine Bewegung erzählt dir etwas darüber, wie sich dein Welpe fühlt. Lerne die Signale zu lesen und öffne den Weg zu Verständnis, Sicherheit und Vertrauen.

Die Körpersprache deines Hundes – ein Schlüssel zur Beziehung

Hunde sprechen nicht mit Worten. Doch sie sprechen – und zwar ständig. Über ihre Körpersprache teilen sie sich mit, zeigen, wie sie sich fühlen, was sie brauchen und wie sie ihre Umwelt wahrnehmen.

Für dich als Bezugsperson ist es deshalb unerlässlich, die körpersprachlichen Signale deines Hundes lesen und einordnen zu können. Nur so kannst du angemessen reagieren, deinem Welpen Sicherheit geben, ihm Orientierung bieten und ihm das Gefühl vermitteln, verstanden zu werden.

WARUM KÖRPERSPRACHE SO WICHTIG IST

Dein Welpe kommt in eine für ihn völlig neue Welt. Alles ist fremd: Gerüche, Geräusche, Menschen, andere Tiere. Damit er sich gut orientieren und entwickeln kann, braucht er jemanden an seiner Seite, der ihn „lesen" kann. Missverstehen wir Körpersignale, reagieren wir womöglich unangemessen, und das kann im schlimmsten Fall zu Unsicherheiten, Frustration oder Vertrauensverlust führen. Wenn du jedoch lernst, die feinen Zeichen zu deuten, kannst du deinem Welpen in jeder Situation zeigen: *„Ich sehe dich. Ich verstehe dich."*

KÖRPERSPRACHE IST MEHR ALS RUTE UND OHREN

Viele Menschen achten vor allem auf die Rute und die Ohren, wenn sie den Gemütszustand ihres Hundes einschätzen wollen. Doch Körpersprache ist ein komplexes Zusammenspiel aus vielen kleinen Signalen. Die Körperhaltung, der Blick, die Mimik, die Muskelspannung, die Bewegungen – all das ergibt das Gesamtbild, das du im Ganzen wahrnehmen solltest.

Eine abgewandte Kopfhaltung und nach hinten gelegte Ohren zeigen, dass der Welpe beschwichtigt.

1. Der Hund bewertet einen Reiz, zeigt aber kein aggressives oder überfordertes Verhalten.

2. Aufrechte Sitzposition, Ohren nach vorn gestellt. Der Welpe zeigt aufmerksames Beobachten.

1. Die Rute

– Locker und mittelhoch: dein Welpe ist entspannt.
– Hoch und steif: er ist aufmerksam oder aufgeregt, vielleicht angespannt.
– Tief zwischen den Beinen: Zeichen für Unsicherheit oder Angst.
– Schnelles Wedeln mit hoher Rute: oft ein Hinweis auf Erregung, nicht zwingend Freude.
– Langsames Wedeln auf mittlerer Höhe: in der Regel freundlich-neugierig.

2. Die Ohren

– Aufrecht und nach vorn gerichtet: Aufmerksamkeit, Interesse.
– Seitlich abgesenkt oder nach hinten: Unsicherheit, Beschwichtigung.
– Flach angelegt: kann Angst oder Unterwerfung signalisieren, in stressigen Situationen auch eine Überforderung.

3. Die Augen

– Weicher Blick, entspannte Lider: dein Welpe fühlt sich wohl.
– Starrer Blick, weit geöffnete Augen: signalisiert Anspannung oder auch Überforderung.
– Seitlich wegdrehen der Augen („Whale Eye“) mit sichtbarem Augenweiß: ein deutliches Stress- oder Warnsignal.

1

2

Die Rute wird mittelhoch getragen, ein Zeichen von Aufmerksamkeit ohne Stress. Die Ohren liegen natürlich an, der Blick ist weich und offen. Der Körper ist leicht nach vorne ausgerichtet, was vorsichtige Erkundungsbereitschaft signalisiert.

4. Die Körperhaltung

– Locker, rund, geschmeidig: Entspannung.
– Steif, angespannt, mit nach vorn verlagertem Gewicht: Bereitschaft zu Aktion oder Unsicherheit.
– Ducken oder Wegdrehen: Bedürfnis nach Rückzug,Unsicherheit.
– Sich strecken mit Vorderbeinen tief, Hinterteil oben: Diese sogenannte Vorderkörpertiefstellung kann je nach Kontext unterschiedliche Bedeutungen haben. Sie ist häufig eine klassische Spielaufforderung, kann aber auch ein Beschwichtigungssignal sein (z. B. wenn der Hund unsicher ist oder in Konfliktsituationen „fiddelt“). Achte daher immer auf den gesamten Körperausdruck und die Situation, in der dieses Verhalten gezeigt wird.

1

2

1. Sein Kopf ist tief, die Ohren leicht zurückgenommen, ein Zeichen von Unsicherheit und Beschwichtigung.

2. Der Hund steht aufrecht und hält seine Rute etwas höher, ein Zeichen dafür, dass er aufmerksam ist.

5. Die Mimik

– Maul leicht geöffnet, Zunge locker: entspannt.
– Maul geschlossen, angespannte Lefzen: Stress oder Konzentration.
– Zähne zeigen mit steifer Körperhaltung: Warnung – Abstand halten!

6. Beschwichtigungssignale (Calming Signals)

Diese Signale zeigen dir, dass dein Hund versucht, eine Situation zu deeskalieren oder sich selbst zu beruhigen:

– Gähnen
– Sich über die Schnauze lecken
– Kopf oder Körper abwenden
– Blinzeln
– Langsame Bewegungen
– Schnüffeln am Boden, obwohl kein Geruch da ist

Lernst du, diese Beschwichtigungssignale zu erkennen und nimmst sie ernst, kannst du deinem Welpen zeigen: *„Ich verstehe dich – und ich bin für dich da."*

»Zeigt dein Welpe dir, dass er sich unwohl fühlt, dann schütze ihn. Ist er neugierig und schaut dich dabei an, dann bestärke ihn. Ist er überfordert, dann gib ihm Zeit und Raum zur Verarbeitung.«

1. Der Welpe zeigt eine Mischung aus Unsicherheit und innerer Aufregung.

2. Dieser Hund bewegt sich langsam, mit gesenktem Kopf und einer weichen Körperlinie. Sein Gang wirkt unsicher und zögerlich.

KÖRPERSPRACHE ERNST NEHMEN HEISST: VERANTWORTUNG ÜBERNEHMEN

Körpersprache bedeutet echte Kommunikation. Du solltest sie nicht nur wahrnehmen, sondern deine eigenen Handlungen auch danach ausrichten. Gerade in neuen oder herausfordernden Situationen ist dein Blick auf seine Körpersprache entscheidend. Ob bei Hundebegegnungen, beim Tierarztbesuch, beim Training oder einfach nur auf dem Spaziergang – dein Hund kommuniziert mit dir. Die Frage ist nur: hörst du zu?

DEINE KÖRPERSPRACHE IST GENAUSO WICHTIG

Hunde sind Meister im Lesen von Körpersprache – auch der unseren. Sie merken sofort, wenn wir angespannt, ungeduldig oder unsicher sind und gerade keinen guten Tag haben. Um deinem Welpen wirklich Sicherheit zu geben, solltest du deshalb auch auf dein eigenes Auftreten und deine Körpersprache achten: ruhige Bewegungen, klare Signale, ein aufrechter Gang und ein ruhiger Tonfall machen dich für deinen Hund berechenbar und vertrauenswürdig.

1

2

PUBERTÄT – EINE MANCHMAL HERAUSFORDERNDE ZEIT

Er testet Grenzen, ist schneller abgelenkt oder wirkt unsicherer als zuvor. All das ist vollkommen natürlich. In dieser Phase braucht dein Hund vor allem eines: deine ruhige, verlässliche Begleitung.

Die Pubertät bei Hunden

Auch dein Hund wird, wie jedes Lebewesen, irgendwann in die Pubertät kommen. Diese Entwicklungsphase ist völlig natürlich – und dennoch für viele eine kleine Herausforderung.

Dein einst so verlässlicher Junghund scheint plötzlich auf Durchzug zu schalten, testet Grenzen, ist mal besonders anhänglich und im nächsten Moment wie ausgewechselt. All das gehört dazu und ist vor allem eines: vorübergehend.

WAS GENAU IST DIE PUBERTÄT?

Die Pubertät ist die Übergangszeit vom „Kind" zum erwachsenen Hund. Nach der wichtigen Sozialisierungsphase, die etwa bis zur 16. Lebenswoche andauert, beginnt eine neue, aufregende Etappe: die hormonelle Umstellung. Diese sorgt nicht nur für körperliche Veränderungen, sondern beeinflusst auch die Psyche und das Verhalten deines Hundes maßgeblich. Die Hormone wirbeln einiges durcheinander. Vertrautes Verhalten verändert sich, und es wirkt manchmal, als hätte dein Hund alles Gelernte vergessen. Das ist vergleichbar mit der Pubertät bei Jugendlichen – auch da passiert im Körper und im Kopf vieles gleichzeitig.

Je nach Rasse und Größe beginnt die Pubertät früher oder später. Kleine Hunde starten oft ein wenig früher, größere brauchen etwas länger. Hündinnen werden in der Regel zwischen dem 6. und 18. Lebensmonat geschlechtsreif, bei Rüden beginnt die Reife meist etwas später. Und mit dieser Reife kommt auch ein ganz neues Selbstverständnis – und manchmal ein wenig Chaos.

Manchmal scheint es, als hätte dein junger Hund plötzlich nur noch Quatsch im Kopf.

1. Spiel, das früher unkompliziert war, zeigt in dieser Entwicklungsphase oft einen Bedarf an Klärung zwischen den Hunden.

2. Achte gut auf deinen Hund und nimm ihn bei Bedarf aus der Interaktion heraus.

WAS VERÄNDERT SICH IN DIESER PHASE?

Es gibt sowohl körperliche als auch verhaltensbezogene Veränderungen. Du wirst vielleicht bemerken, dass sich das Fell verändert – es kann länger, dichter oder auch farblich etwas anders werden. Auch der Körperbau wird kräftiger, der Kopf größer, der Brustkorb breiter. Viele Hunde nehmen jetzt auch an Muskelmasse zu, manche leider auch etwas zu viel, deshalb lohnt sich ein achtsamer Blick auf Bewegung und Futtermenge.
Neben dem Äußeren verändert sich vor allem das Verhalten. Dein Hund kann aufgedrehter, distanzierter, sensibler oder fordernder werden. Vielleicht reagiert er plötzlich ängstlich auf Dinge, die ihm vorher keine Angst gemacht haben. Auch das ist in dieser Zeit völlig normal.
Die Begegnungen mit Artgenossen verändern sich ebenso. Manche Hunde zeigen nun deutlich mehr Selbstbewusstsein, markieren vermehrt, oder geraten schneller in kleine Rangeleien. Andere wiederum ziehen sich zurück, reagieren schreckhaft oder wirken unsicher. Alles Zeichen dafür, dass dein Hund in einem inneren Umbruch steckt.

1

2

Gib deinem Hund klare Orientierung und setze, wenn nötig, noch einmal an eurem Training an.

Und wie gehst du damit um?

Das Wichtigste in dieser Phase sind Geduld, Verständnis und ein klarer, liebevoller Rahmen. Dein Hund braucht dich jetzt mehr denn je – als ruhige, verlässliche Bezugsperson, die Orientierung gibt, ohne zu verurteilen. Reagiere nicht mit Frust oder Ärger, wenn dein Hund mal „nicht funktioniert“. Vieles, was du als Provokation empfindest, ist schlicht Überforderung oder Unsicherheit. Statt mit Strenge, solltest du mit Klarheit und Ruhe reagieren. Bleibe konsequent, aber verständnisvoll. Zeige deinem Hund, dass du da bist, auch wenn er mal schwieriger wird. Wenn du schon vor der Pubertät ein gutes Fundament gelegt hast, wird euch das jetzt tragen. Und wenn du spürst, dass es allein zu viel wird, dann zögere bitte nicht, dir Unterstützung zu holen. Es ist kein Zeichen von Schwäche – im Gegenteil. Es zeigt, dass du Verantwortung übernimmst.

EIN PAAR PRAKTISCHE HINWEISE

In dieser Zeit darf auch das Thema Hygiene nicht unterschätzt werden. Läufigkeit bei Hündinnen und gesteigerter Sexualtrieb bei Rüden bringen neue Anforderungen mit sich. Ein gut sitzender Läufigkeitsschutz oder regelmäßige Reinigung beim Rüden kann helfen, euren Alltag zu erleichtern. Und: Ein Besuch beim Tierarzt kann in dieser Phase sinnvoll sein, um sicherzustellen, dass sich alles gesund entwickelt.

Die Pubertät ist keine Phase, die man „überstehen“ muss – sie ist eine wertvolle Zeit des Wachstums. Auch wenn sie manchmal anstrengend erscheint, bietet sie euch die Chance, eure Beziehung zu festigen. Dein Hund lernt nicht nur, wer er ist, er lernt auch, dass du an seiner Seite bleibst, ganz gleich, was passiert. Und genau das ist das größte Geschenk, das du ihm machen kannst.

Kastration und/oder Hormonchip

In der Pubertät stellen sich viele Hundehaltende die Frage: Soll ich meinen Hund kastrieren lassen? Oder: Wäre ein Hormonchip eine gute, vorübergehende Lösung?

Diese Gedanken sind nachvollziehbar – vor allem, wenn der eigene Hund plötzlich unsicherer, aufmüpfiger oder schwieriger im Umgang wird. Doch gerade in dieser sensiblen Entwicklungsphase ist es besonders wichtig, nicht vorschnell einzugreifen.

Tipp

Nur wenn du feststellst, dass dein Hund unter seinen Hormonen leidet, solltest du einen Chip oder eine Kastration in Erwägung ziehen.

KASTRATION – EIN UNUMKEHRBARER EINGRIFF MIT RISIKEN

Bei einer Kastration werden die Keimdrüsen (Hoden beim Rüden oder Eierstöcke bei der Hündin) operativ entfernt. Es handelt sich hier um einen bleibenden Eingriff in den Hormonhaushalt des Hundes. Diese Hormone sind aber nicht nur für die Fortpflanzung zuständig, sondern spielen auch eine ganz zentrale Rolle in der körperlichen und psychischen Entwicklung deines Hundes, mit möglichen Folgen.

Mögliche Nebenwirkungen der Kastration

Beeinträchtigte Entwicklung des jugendlichen Hundes: Wenn ein Hund vor Abschluss der körperlichen Reifung kastriert wird, kann es zu unvollständigem Muskel- und Knochenaufbau kommen. Gelenke bleiben häufig länger „weich", was das Risiko für orthopädische Probleme erhöht.

Unsicherheit & Angstverhalten: Hormone wie Testosteron oder Östrogen fördern nicht nur sexuelles Verhalten, sondern auch Selbstsicherheit. Fehlen diese zu früh, kann sich ein unsicherer Hund entwickeln, der schreckhafter, misstrauischer oder konfliktscheuer wird.

Verändertes Sozialverhalten: Viele Hunde, insbesondere Rüden, brauchen die Pubertät, um sich in ihrem Sozialverhalten, gerade auch anderer Hunde gegenüber, zu sortieren. Wird dieser Prozess durch eine zu frühe Kastration

1

2

gestört, können wichtige soziale Lernschritte ausbleiben oder auffällig bleiben.
Antriebslosigkeit: Manche Hunde zeigen nach einer Kastration deutlich weniger Motivation, sind insgesamt ruhiger, was in manchen Fällen als „angenehm“ empfunden wird, aber eigentlich Ausdruck eines veränderten Hormonhaushalts ist.
Gewichtszunahme und Stoffwechselveränderungen: Der Energiebedarf sinkt oft deutlich, während der Appetit gleich bleibt oder sogar zunimmt. Viele kastrierte Hunde nehmen schnell zu. Das erfordert eine genaue Beobachtung und frühzeitige Anpassung von Futter und Bewegung.
Harninkontinenz bei Hündinnen: Eine häufig unterschätzte Folge: Besonders bei früh kastrierten Hündinnen kann es zu Inkontinenz kommen, die dauerhaft medikamentös behandelt werden muss.
Verstärkung von problematischem Verhalten: Entgegen einer weit verbreiteten Annahme „löst“ eine Kastration keine Verhaltensprobleme. Bestehende Unsicherheiten, Ängste oder Aggressionen können sich nicht verbessern, sondern sogar verschärfen, wenn das hormonelle Gleichgewicht plötzlich fehlt.

Was du beachten solltest

– Beobachte deinen Hund über einen längeren Zeitraum – ist sein Verhalten altersgemäß oder problematisch?
– Arbeite an der Erziehung, Orientierung und Bindung, bevor du über Eingriffe in den Körper nachdenkst.
– Ziehe eine verhaltenstherapeutisch erfahrene Fachperson hinzu, wenn du unsicher bist.
– Lass deinen Hund vollständig körperlich und seelisch ausreifen – viele Themen „verwachsen“ sich tatsächlich mit der Zeit.

1. Gerade in der Pubertät probiert dein Hund aus, wie weit er gehen kann.

2. Das gehört zu seiner Entwicklung. Und genau deshalb sollte diese Phase nicht vorschnell mit einer Kastration „gelöst“ werden.

Mit ruhigem, konsequentem Training und – wenn nötig – sanfter, natürlicher Unterstützung, lässt sich diese Phase in der Regel gut begleiten.

HORMONCHIP – NICHT HARMLOS, ABER REVERSIBEL

Der sogenannte Hormonchip wird oft als „Testlauf" zur Kastration empfohlen. Er unterdrückt die Sexualhormone vorübergehend (meist für 6 bis 12 Monate), greift aber ebenfalls stark in den Hormonhaushalt ein, mit ähnlichen Nebenwirkungen wie bei einer Kastration. Auch hier gilt: Nicht auf Verdacht einsetzen, sondern mit Bedacht.

Sowohl Hormonchip als auch Kastration sind keine Erziehungsmittel – sie lösen keine Probleme, die mit Beziehung, Kommunikation oder Alltagstraining zu tun haben.

Wichtig zu wissen: Auch wenn der Hormonchip theoretisch reversibel ist, kann es Wochen bis Monate dauern, bis der Hormonhaushalt sich wieder stabilisiert – und manche Veränderungen bleiben dauerhaft.

Hinweis zum Tierschutzvertrag

Manche Tierschutzvereine verlangen im Schutzvertrag, dass der adoptierte Hund ab einem bestimmten Alter kastriert werden muss. Doch: Diese Vorgaben sind rechtlich nicht bindend.

Eine Kastration darf laut Tierschutzgesetz nur vorgenommen werden, wenn ein medizinischer oder verhaltensrelevanter Grund vorliegt – nicht pauschal oder prophylaktisch. Wenn du verunsichert bist: Hol dir eine zweite Meinung, am besten bei einem tiermedizinisch und verhaltenstherapeutisch geschulten Experten.

Sanfte Unterstützung durch Hormon-Balance-Supplement

Gerade in der hormonellen Umstellungszeit während der Pubertät kann dein Hund von sanfter Unterstützung profitieren. Ein hochwertiges Hormon-Balance-Supplement, wie du es auch in meinem Shop findest, kann deinem Hund helfen, emotional stabiler durch diese Phase zu kommen. Die ausgewählten Inhaltsstoffe wirken beruhigend, können Stimmungsschwankungen abmildern und unterstützen den Organismus bei der natürlichen Regulierung seines Hormonsystems – ganz ohne Eingriff in die Entwicklung.

Egal ob Hündin oder Rüde: Ein natürliches Supplement ersetzt keine klare Führung oder ein gutes Training, aber es kann deinem jungen Hund helfen, sich ausgeglichener und sicherer zu fühlen – besonders in herausfordernden Phasen.

Fazit: So verständlich der Wunsch nach „Erleichterung" in der Pubertät ist, bleibe geduldig. Die Phase der Hormonumstellung ist nicht einfach, aber sie geht vorbei. Dein Hund ist kein Problemfall, sondern einfach jung, voller Impulse und mitten in seiner Entwicklung.

Gib ihm Zeit. Gib ihm Halt. Gib ihm deinen liebevollen Rahmen – und greife nur dann dauerhaft in seinen Körper ein, wenn es wirklich medizinisch oder therapeutisch notwendig ist.

Eine zu frühe Kastration kann langfristige Folgen für Körper und Verhalten haben. Daher sollte dieser Schritt gut überlegt werden.

Anti-Giftköder-Training mit deinem Welpen

Man wünscht sich so sehr, dass dieses Training gar nicht nötig wäre, und doch ist es in der heutigen Zeit unerlässlich – denn es kann Leben retten.

Immer wieder hört man von Vorfällen, bei denen Hunde beim Spaziergang einen Giftköder aufnehmen und dadurch ernsthaft erkranken oder sogar ihr Leben verlieren. Das ist erschütternd und macht fassungslos.
Du fragst dich vielleicht auch, was in einem Menschen vorgeht, der einem Tier gezielt Leid zufügen möchte. Es ist traurig, aber Realität: auf beliebten Spazierwegen oder in Vorgärten tauchen immer wieder vermeintliche Leckerbissen auf, die mit gefährlichen Substanzen oder sogar scharfkantigen Gegenständen versetzt wurden.
Damit dir und deinem Hund so etwas nicht passiert, kannst du vorsorgen – und genau hier setzt das Anti-Giftköder-Training an. Dieses Training ist eine vorbeugende Schutzmaßnahme, die deinem Hund dabei hilft zu lernen, nichts vom Boden aufzunehmen. Denn genau das kann ihm im Ernstfall das Leben retten.

Info

Auch Zigaretten oder Hinterlassenschaften anderer Tiere können Stoffe enthalten, die deinem Welpen ernsthaft schaden können.

WAS SIND GIFTKÖDER?

Giftköder sind entweder industriell gefertigte Mittel aus der Schädlingsbekämpfung oder gezielt präparierte „Lockmittel" mit gefährlichen Inhalten. Leider gibt es Menschen, die Lebensmittel mit Rasierklingen, Nägeln oder toxischen Stoffen präparieren und absichtlich auslegen. Hinzu kommen legale Köder, die in der Schädlingsbekämpfung eingesetzt werden. Diese sind in der Regel gekennzeichnet, dennoch können sie eine Gefahr für deinen Hund darstellen. Auch in privaten Gärten lauern Gefahren – etwa durch Dünger, Reinigungsmittel oder auch Schneckenkorn.

WANN SOLLTEST DU MIT DEM TRAINING STARTEN?

Das Anti-Giftköder-Training beginnst du am besten erst nach dem Zahnwechsel, also wenn dein Hund bereits ins Junghundealter gekommen ist.
In der Welpenzeit nimmt dein Hund die Welt noch sehr stark über das

Maul wahr – das gehört zu seiner Entwicklung dazu. Ein gezieltes Training wäre hier einfach noch zu früh. Bereite dich aber gern schon einmal vor, indem du dich über den Aufbau informierst und beobachtest, wie dein Hund sich draußen verhält.

WAS IST EIN ANTI-GIFT-KÖDER-TRAINING?

Es geht darum, deinem Hund beizubringen, dass er auf Spaziergängen nichts frisst, was er unterwegs findet. Er soll sich daran gewöhnen, dass Futter und Belohnungen ausschließlich über dich kommen, nicht vom Boden. Du zeigst ihm so: Nur das, was du freigibst, ist erlaubt. Dieses Training erfordert Zeit, Geduld und deine volle Aufmerksamkeit.
Es gibt verschiedene Ansätze, wie dieses Training aufgebaut werden kann. Bitte spüre in dich hinein, welche Methode sich für dich stimmig anfühlt. Wichtig ist, dass du konsequent, ruhig und liebevoll vorgehst.

WARUM SOLLTEST DU DAS TRAINING MACHEN?

Weil es im Ernstfall Leben rettet. So einfach – und so ernst – ist das. Giftköder werden leider nicht nur absichtlich ausgelegt, sondern können auch aus Unachtsamkeit in der Umgebung deines Hundes landen:
– in Gärten, die mit Schneckenkorn behandelt wurden,
– auf Wiesen, wo Rattengift ausgelegt ist,
– oder durch den Kot von Nutztieren, die mit Medikamenten (z. B. Wurmkuren) behandelt wurden.
All diese Substanzen sind potenziell giftig für deinen Hund, je nach Menge und Größe des Tieres können schon kleinste Mengen gefährlich werden. Das Ziel des Anti-Giftköder-Trainings ist es, deinem Hund beizubringen: *„Ich nehme nichts vom Boden auf. Ich frage erst meinen Menschen.“* Diese Verhaltensweise schafft Sicherheit und kann dem Hund helfen, sich selbst zu schützen – besonders dann, wenn du nicht schnell genug eingreifen kannst.

Es müssen nicht gleich Giftköder sein – draußen lauern viele Dinge, die für deinen Welpen gefährlich sein können.

TRAININGSAUFBAU

Dieses Training ist ein bedeutender Bestandteil eurer gemeinsamen Sicherheitsarbeit. Es braucht keine Abbruchsignale, kein Schimpfen, sondern Ruhe, Vertrauen und klare Abläufe. Ziel ist es, dass dein Hund lernt: Futter, das auf dem Boden liegt, ist tabu – es sei denn, du gibst es frei, also die Erlaubnis, es zu aufzunehmen.
Ihr startet zu Hause in einer sicheren Umgebung, steigert dann langsam die Anforderungen und schließt das Training mit der Übertragung in den Alltag ab.

Tag 1 – Training in sicherer Umgebung

Ziel: Dein Hund lernt, dass er Futter auf dem Boden ignorieren soll und stattdessen von dir belohnt wird.
– Wähle einen ruhigen Raum bei euch zu Hause ohne Ablenkung.
– Lege ein Stück neutrales Futter sichtbar auf den Boden.
– Wenn dein Hund hingehen will, lege ruhig deine flache Hand über das Futter – du beanspruchst es.
– Sobald dein Hund innehält, zurückweicht oder dich anschaut → Belohne ihn aus deiner anderen Hand mit einem hochwertigen Leckerli.
– Wiederhole das 3 – 5 Mal mit kurzen Pausen dazwischen.

Wichtig: Das Futter am Boden bekommt er niemals. Nur das freiwillige Verzichten wird belohnt.

Tag 2 – Übung im Garten oder ruhiger Außenbereich

Ziel: Dein Hund überträgt das Gelernte auf eine neue, aber noch kontrollierbare Umgebung.
– Übt dieselbe Technik nun draußen, z. B. im Garten oder einem Hinterhof.
– Leine deinen Hund an. Lege ein Stück Futter auf den Boden.
– Sobald dein Hund sich dafür interessiert, stelle dich dazwischen oder leg deine Hand über das Futter.

1

2

– Wenn er abwartet, dich anschaut oder zurückweicht → Belohnung aus deiner Hand.
– Wiederhole das 3 – 5 Mal am Tag – ruhig, ohne Druck, immer wieder mit Pausen.

Wichtig: Bleib geduldig – draußen riecht alles spannender!

Tag 3 – Training an fremdem Ort draußen (z. B. Parkweg, Parkplatz, Wiese)

Ziel: Dein Hund kann das Verhalten auch unter neuen Reizen zuverlässig abrufen.
– Wähle einen fremden, aber ruhigen Ort für euer Training.
– Wiederhole das Prinzip wie zuvor: Futter sichtbar auf den Boden, Hund an der Leine.
– Beanspruche das Futter ruhig mit deiner Hand oder deinem Körper.
– Ignoriert dein Hund das Futter, bleibt stehen oder schaut dich an → Belohnung folgt aus deiner Hand.

Wichtig: Achte auf deinen Hund! Wird er unruhig oder überfordert, kehrt gemeinsam zurück zu einem vorherigen Trainingsort.

Festigungsphase – Wiederholung bringt Sicherheit

Über die nächsten Tage wiederholst du das Training regelmäßig:
– Variiere Orte (unterwegs, Stadt, Waldweg, Gehweg, Hundewiese).
– Halte das Training kurz und belohnungsreich.
– Führe kleine Testläufe ein: Lass z. B. ein Stück Brot auf dem Gehweg liegen.
→ Beobachte, wie dein Hund reagiert.
→ Belohne ihn direkt, wenn er es liegen lässt.

Wichtig:
– Immer ruhig bleiben.
– Niemals das Futter vom Boden freigeben.
– Das Leckerli kommt ausschließlich aus deiner Hand.

1. Lege etwas Futter auf den Boden.

2. Dann halte deine Hand darüber.

3. Warte, bis dein Hund nicht mehr versucht, an das Futter heranzukommen.

4. Gib ihm dann zur Belohnung ein Stück Futter aus deiner Hand.

3

4

1

2

GIBT ES NOCH ETWAS IM ALLTAG ZU BEACHTEN?

Auch wenn ihr das Anti-Giftköder-Training mit Ruhe, Geduld und Fleiß durchlaufen habt, bedeutet das nicht, dass du im Alltag nachlässig werden darfst. Vielmehr darf sich bei euch beiden ein Gefühl von Selbstverständlichkeit einstellen: Dein Hund bewegt sich frei, aber immer in deinem Blickfeld. Das schenkt ihm die Freiheit, sich zu orientieren und die Umgebung zu erkunden, während du zugleich sicherstellen kannst, dass er nicht unbeobachtet Entscheidungen trifft.

Bitte vergiss nie: Du trägst die Verantwortung für deinen Hund – immer. Auch das beste Training ersetzt nicht deine Aufmerksamkeit im Alltag. Wenn du ihm zu viel Freiraum gibst, kann es sein, dass ihn die Versuchung überkommt. Deshalb: Bleib wachsam, halte liebevoll die Verbindung und erinnere deinen Hund immer wieder an die gemeinsam erarbeiteten Regeln.

Führung bedeutet, Sicherheit zu geben. Es reicht nicht, Grenzen einmal zu setzen – sie müssen sanft, aber bestimmt immer wieder gelebt werden.

Nimmt dein Hund dich als seine vertrauensvolle Bezugsperson und als Führungspersönlichkeit an, wird er sich an dir orientieren – auch dann, wenn auf dem Weg plötzlich etwas besonders Verlockendes liegt.

TRAINING FÜR ALLESFRESSER

Nimmt dein Hund gern Dinge wie Steine oder andere Gegenstände vom Boden auf, kannst du auch das über meine Trainingsmethode sanft und mit viel Verständnis umlenken. Ziel bleibt immer, dass er lernt, nichts vom Boden aufzunehmen – ganz gleich, ob gefährlich oder nicht.

»Du und dein Hund, ihr habt viele schöne Spaziergänge vor euch. Lass uns gemeinsam dafür sorgen, dass sie sicher bleiben.«

1. Übe das Verhalten an unterschiedlichen Orten, damit dein Welpe versteht: Die Regel gilt überall.
2. So entwickelt dein Hund die Fähigkeit, Fressbares am Boden souverän zu ignorieren.

Dieses Training ist nicht in Stein gemeißelt, sondern ein Rahmen. Sollte dein Hund an einem Tag mehr Zeit brauchen, ist das vollkommen in Ordnung. Dann bleibt ihr einfach etwas länger bei dem Schritt. Wenn sich Tag 1 über mehrere Tage zieht, ist das kein Rückschritt, sondern dein Hund zeigt dir nur, was er braucht.
Mit Ruhe, Wiederholung und liebevoller Konsequenz gibst du deinem Hund die Möglichkeit, dir zu vertrauen und im Ernstfall sicher zu sein.

IMMER GUT INFORMIERT – DURCH DIGITALE VERNETZUNG

Wir leben in einer Welt, die sich täglich weiterentwickelt. Viele von uns tragen ein Smartphone ständig bei sich, und der digitale Alltag ist längst fester Bestandteil unseres Lebens.
Für uns als Hundehaltende birgt diese Entwicklung aber auch echte Vorteile – vor allem, wenn es um Sicherheit geht. Inzwischen gibt es verschiedene Möglichkeiten, sich über aktuelle Giftköderwarnungen in der eigenen Umgebung zu informieren. Einige Apps haben sich darauf spezialisiert, Funde zu melden oder dich zu warnen, wenn in der Nähe ein Giftköder entdeckt wurde. Du musst aber nicht zwingend eine App nutzen, um auf dem Laufenden zu bleiben.
Auch über soziale Netzwerke wie Facebook oder spezielle Internetseiten kannst du dich schnell und unkompliziert informieren. In vielen lokalen Facebook-Gruppen deiner Stadt oder Gemeinde tauschen sich Hundehaltende regelmäßig aus. Oft werden dort Fundorte geteilt, Warnhinweise gepostet oder direkt Erfahrungen weitergegeben.
All diese Wege haben ein gemeinsames Ziel: unsere Hunde zu schützen. Und sie zeigen, wie wertvoll eine vernetzte Gemeinschaft für mehr Sicherheit im Alltag sein kann.

SERVICE

Zum Weiterlesen und Clicken

BÜCHER AUS DEM KOSMOS-VERLAG

Löckenhoff, Ursula und Simone Sombecki: **Tierschutzhund – Lieblingshund.** Einschätzen, eingewöhnen, erziehen.

Lübbe-Scheuermann, Perdita und Frauke Burkhardt: **Der ganz normale Wahnsinn!** Von Hunden und ihren Menschen.

Nadig, Alexandra: **Heilpflanzen für Hunde.** Wirkungsweise, Rezepturen und Anwendung.

WEBINARE UND ONLINE-KURSE BEI KOSMOS

Schau einmal bei kosmos.de vorbei und finde viele Webinare und Onlinekurse unserer Autor*innen zu spannenden Themen rund um den Hund.

SOCIAL MEDIA

Du möchtest wissen, was los ist? Storys, Webinar-Ankündigungen, Zitate, Buchclips, Gewinnspiele, Take over unserer Autor*innen und vieles mehr findest du unter instagram.com/kosmos.hund und unter facebook.com/Kosmos.Hund. Folge uns und werde Teil unserer Kosmos-Hund-Community.

ONLINEKURSE DER AUTORIN

Unter hundezentrum-hundewohl findest du Onlinekurse und Webinare von Désirée Scheller über Leinenführigkeit, Körpersprache, Hundebegegnungen u. v. m.

Register

BILDNACHWEIS

141 Farbfotos wurden von Anna Auerbach/Kosmos für dieses Buch aufgenommen.
Weitere Farbfotos von Anna Auerbach/Kosmos (40: S. 10, 13, 14 re., 16, 17 re., 18, 19, 22, 23, 26, 27, 28, 29, 30, 31, 42, 43, 44, 45, 46, 47, 79, 80, 88, 109, 145, 151, 152, 156), Anna Auerbach/Archiv (20: S. 15, 34, 40, 41, 52, 53, 82, 83, 85, 143, 144, 155, 157, 164), Shutterstock (2: S.17 li./Eve Photography, 32/New Africa), Heike Schmidt-Röger/Kosmos (1: S. 14 li.), Olga Zeeb (1: S. 33).
Mit einer Illustrationen von Wolfgang Lang/Kosmos (S. 44).

IMPRESSUM

Umschlaggestaltung von GRAMISCI Editorialdesign München, Isabelle Fischer unter Verwendung von 4 Farbfotos von Anna Auerbach/Kosmos.

Mit 205 Farbfotos und einer Farbzeichnung.

Alle Angaben in diesem Buch erfolgen nach bestem Wissen und Gewissen. Sorgfalt bei der Umsetzung ist indes dennoch geboten. Der Verlag und die Autorin übernehmen keinerlei Haftung für Personen-, Sach- oder Vermögensschäden, die aus der Anwendung der vorgestellten Materialien, Methoden oder Informationen entstehen könnten.

Gedruckt auf chlorfrei gebleichtem Papier

ISBN 978-3-440-18488-2
Redaktion: Hilke Heinemann
Gestaltungskonzept: GRAMISCI Editorialdesign, Cornelia Sekulin, München
Gestaltung und Satz: Atelier Krohmer, Dettingen/Erms
Produktion: Angela List
Druck und Bindung: Westermann Druck Zwickau GmbH, Zwickau
Printed in Germany / Imprimé en Allemagne

FSC
www.fsc.org
MIX
Papier | Fördert gute Waldnutzung
FSC® C110508